Stephen Maina Kiama

Conceção de um sistema de observação do carbono e da água

Stephen Maina Kiama

Conceção de um sistema de observação do carbono e da água

em prados arborizados das sub-bacias de Mpala e Ilmotiok em Laikipia, Quénia

ScienciaScripts

Imprint

Cover image: www.ingimage.com

This book is a translation from the original published under ISBN 978-620-2-05923-7.

Publisher:
Sciencia Scripts
is a trademark of
Dodo Books Indian Ocean Ltd. and OmniScriptum S.R.L publishing group

120 High Road, East Finchley, London, N2 9ED, United Kingdom
Str. Armeneasca 28/1, office 1, Chisinau MD-2012, Republic of Moldova, Europe
Printed at: see last page
ISBN: 978-620-7-89674-5

ÍNDICE DE CONTEÚDOS

Resumo

As pastagens estão a degradar-se cada vez mais devido ao aumento das populações humana e animal.
Os impactos destas pressões antropogénicas não são bem compreendidos e os seus efeitos sobre o carbono e o

Os fluxos de água também são pouco conhecidos. Este facto deve-se, em parte, à escassez de informação sobre a sua localização, extensão espacial e grau de intensidade. A derivação de representações destas variáveis é complicada pela heterogeneidade da superfície, bem como pelos efeitos de escala. Um dos objectivos centrais deste trabalho é iluminar os principais aspectos da heterogeneidade da superfície que merecem consideração de escala e destacar as abordagens de escala relevantes para os prados arborizados. O nosso trabalho está ligado a um esforço contínuo de estabelecimento de um sistema de observação na bacia do rio Upper Ewaso Ngiro em Laikipia, Quénia. O observatório integra medições ecológicas, hidrológicas, fisiológicas, meteorológicas e climatológicas
amostrados ao longo dos gradientes hidro-topográficos. Assim, como segundo objetivo, descrevemos a conceção deste sistema de observação, elaborando os componentes do sistema e destacando as questões significativas relacionadas com a escala e a forma como foram tratadas. De um modo geral, o sistema de observação foi concebido de acordo com uma abordagem multi-escala, permitindo a integração de diversas variáveis que diferem em termos das suas escalas de manifestação e variabilidade da paisagem.

Palavras chave: modelação hierárquica, multi-escala, sistema de observação, abordagens de escala, prados arborizados

Capítulo 1

1.0 Introdução

As trocas de energia, água, momento e carbono entre a superfície terrestre e a atmosfera são largamente moduladas pela variabilidade dos ecossistemas terrestres (Dekker et al., 2007; Alfieri et al., 2009). De facto, a variabilidade espacial e temporal destes fluxos, bem como os seus mecanismos subjacentes, é muito acentuada pela heterogeneidade da superfície terrestre (Pitman, 2003 e Beringer et al., 2011; Detto et al., 2013). Este facto é especialmente acentuado nas paisagens de savana arborizada, que se caracterizam por um dossel esparso de vegetação lenhosa intercalado com áreas abertas habitadas alternadamente por camadas herbáceas e manchas nuas, dependendo da sazonalidade relacionada com a humidade (Shachak e Pickett, 1997; Asner et al., 1998; Breshears e Barnes, 1999; van Wijk e Rodriguez-lturbe, 2002; Grote et al., 2009 e Beringer et al., 2011).

De facto, os prados arborizados apresentam uma grande variabilidade em termos de formas, tamanho e organização espacial da estrutura e da biomassa (Detto et al., 2013). Esta heterogeneidade é largamente determinada pela variabilidade da precipitação e do solo, bem como por alterações estruturais de pequena escala induzidas por actividades antropogénicas relacionadas com o uso do solo (Privette et al., 2004; Caylor et al., 2007; Ferreira et al., 2007). A co-evolução a longo prazo da água, dos solos, das formas de relevo e dos ecossistemas deu lugar a várias realizações ou sistemas auto-organizados que podem ser identificados a várias escalas nas paisagens (Puigdefabregas et al., 1999). Cada realização é caracterizada por combinações distintas de factores exógenos e demografia da vegetação (Asbjornsen et al., 2011; Thompson et al., 2011). Essa demografia da vegetação, que se refere ao padrão espacial (e temporal) da vegetação, determina a partilha de recursos (massa e energia) ao longo do continuum solo-planta-atmosfera (Puigdefabregas et al., 1999; Breshears e Barnes, 1999; Caylor e Shugart, 2004; Privette et al., 2004; Riginos, 2009). Esta demografia também rege a interação funcional entre árvores e gramíneas, muitas vezes manifestada por microambientes variáveis (especialmente a dinâmica da luz e da humidade do solo) dentro das respectivas sub-copas, bem como pelo uso variável da água e taxas de produção (Caylor e Shugart, 2004). Também influencia a dinâmica do comportamento dos limiares eco-hidrológicos, a sensibilidade a perturbações e pressões e as mudanças de regime (Cushman et al., 2009; Asbjornsen et al., 2011). Estes mecanismos estão subjacentes ao padrão espacial local de manchas nuas versus vegetadas, bem como à estrutura de manchas em pequena escala subjacente à distribuição das espécies vegetais (Augustine, 2003).

A fisionomia da vegetação na bacia hidrográfica do Alto Ewaso Ngiro, no centro do Quénia, é variada e composta principalmente por manchas que vão desde prados abertos a copas quase fechadas de florestas. A abundância relativa de tipos funcionais de plantas lenhosas e não lenhosas é exclusiva de um determinado sistema, mesmo em pequenas escalas espaciais (Franz et al., 2011; Franz et al., 2012). Estes sistemas distintos diferem nas suas respectivas características estruturais acima do solo, incluindo densidades de plantas, áreas basais, alturas de copa e áreas de copa. Esta região é também afetada por práticas inadequadas de utilização dos solos, frequentemente associadas à degradação do coberto vegetal e à perturbação das propriedades da superfície terrestre, modificando potencialmente a estrutura e o funcionamento dos ecossistemas (Vertovec et al., 2001; Ryan et al., 2011; Franz et al., 2011; Franz et al., 2012). Neste domínio, têm-se assistido a mudanças dramáticas em termos de efeitos hidrológicos induzidos pelo uso do solo, acelerados principalmente pela fragmentação das pastagens devido ao rápido aumento da população (Mungai et al., 2004). Segundo eles, o crescimento dos centros urbanos na bacia está a impulsionar a procura crescente de lenha, enquanto o uso concorrente da terra nas pastagens está a contribuir para uma grave degradação da terra, que se manifesta em superfícies nuas, erosão extensiva durante a estação das chuvas e pisoteio pesado devido ao sobrepastoreio.

Estes efeitos das perturbações do uso do solo são semelhantes aos citados por Breshears e Barnes (1999). De acordo com Augustine (2003), uma vez ultrapassados os limiares, as retroacções associadas às vias biofísicas e biogeoquímicas podem desencadear a evolução estrutural das paisagens para novos estados ou equilíbrios, por vezes propagando a persistência de manchas nuas que são irreversíveis mesmo com a redução da intensidade do pastoreio. Mesmo pequenas diferenças no teor de humidade volumétrica do solo, por exemplo, poderiam potencialmente registar níveis diferenciados de funcionamento do ecossistema em várias ordens de grandeza na savana. Infelizmente, as respostas dos ecossistemas a perturbações ou pressões são ainda muito incertas (Domingo et al., 2011), motivando mais investigação orientada para melhorar a previsão (Breshears e Barnes, 1999). Os modelos de dinâmica da vegetação são ferramentas úteis para explorar as consequências de diferentes perturbações na paisagem (Pausas, 1999; Hartig et al., 2012). No entanto, a representação insuficiente da heterogeneidade da superfície limita muito a capacidade dos modelos para prever a dinâmica dos ecossistemas em resposta a alterações no uso do solo e no clima (Moorcroft et al., 2001). Esta situação é especialmente comum nos prados arborizados dos países em desenvolvimento das regiões tropicais que sofrem de escassez de informação sobre a estrutura e o funcionamento da vegetação (Adams et al, 2013). A maior parte das simulações de modelos são frequentemente derivadas de representações simples baseadas em observações pontuais que assumem a homogeneidade espacial ou a agregação espacial da estrutura da vegetação, ignorando a heterogeneidade espacial nos padrões estruturais da vegetação e nos processos biofísicos associados (Caylor e Shugart, 2004; Espeleta e Clark, 2007). Complica a derivação de relações simples entre as componentes bióticas e abióticas (por exemplo, entre a utilização e a produção de água) (Caylor e Shugart, 2004). Além disso, as interacções estreitas entre os processos e/ou factores ambientais complicam os esforços para separar os processos/factores-chave do contexto (Bradford et al., 2005; James et al., 2010). Por exemplo, o gradiente de elevação varia com uma miríade de factores ambientais de uma forma que não pode ser facilmente discernida (Bradford et al., 2005). Segundo eles, isto representa um desafio para inferir os factores mais importantes ou mais sensíveis aos gradientes/heterogeneidade ambiental. Consequentemente, as estimativas dos fluxos ao nível da paisagem integram potencialmente a contribuição dos materiais subjacentes (Grote et al., 2011; Mihailovic et al., 2012), especialmente quando se transita de fenómenos de pequena escala para fenómenos de escala mais grosseira (Daly et al., 2000). Consequentemente, é potencialmente projetado um certo nível de incerteza no que diz respeito à forma como estes processos se integram ao longo do tempo e do espaço e em várias comunidades vegetais (Williams et al., 1996).

A variabilidade espacial (e temporal) da estrutura e dos processos biofísicos na paisagem pode ser expressa de forma diferenciada no espaço e no tempo em termos de modelos específicos parametrizados com recurso a ferramentas experimentais (Shachak e Picket, 1997). O estabelecimento de relações entre as componentes bióticas e abióticas exige uma compreensão em grande escala do carácter e do comportamento dos diferentes sistemas (Cushman et al., 2009). Contudo, para efeitos práticos, a compreensão à escala fina deve ser alargada a escalas espaciais e temporais complexas e amplas (van Wijk e Bouten, 2002; Cushman et al., 2009). Particularmente no caso dos prados arborizados, as abordagens de escala devem, por conseguinte, enfrentar os desafios da variabilidade de escala fina (mesmo à escala da mancha) associada a factores e processos endógenos e exógenos (Asbjornsen et al., 2011).

1.1 Problema das escalas associadas aos fenómenos ambientais

Nos prados arborizados, o problema das escalas limita de facto a estimativa dos fluxos terra-superfície-atmosfera, bem como a previsão da dinâmica dos ecossistemas (Valladares e GuzmOn, 2006; Espeleta e Clark, 2007; Asbjornsen et al., 2011). A escala refere-se a uma propriedade contínua de observação, incluindo o grão e a extensão, associada a atributos espaciais e temporais e definida por unidades métricas de medida (por exemplo, comprimento, área, volume ou tempo) (Cushman et al., 2009). Muitos investigadores sublinharam a importância da escala e do domínio de sensibilidade do fenómeno ambiental em estudo (Tague, 2005; van Wijk e Bouten, 2002). A relevância das escalas decorre do facto de, na realidade, os fenómenos de interesse se estenderem por uma série de escalas espaciais e temporais diferentes. De facto, os padrões correspondentes a essas escalas têm muitas vezes causas e consequências únicas potenciais, operando normalmente a escalas diferentes daquelas em que os padrões são observados (Reis et al., 2015). Embora cada escala seja caracterizada por um conjunto de processos predominantes (Wiens, 1989; Puigdefabregas et al., 1999; James et al., 2010; Detto et al., 2013), existem lacunas entre a escala fina em que os processos ocorrem e são potencialmente compreendidos e a escala em que as observações são efectuadas e as previsões são necessárias (Rodriguez-Iturbe et al., 1999; Thompson et al., 2011). Ao mesmo tempo, a discrepância entre a resolução do modelo e a variabilidade espacial abaixo da escala do "elemento do modelo" explica em grande parte o desacordo entre as simulações do modelo e os dados medidos (McMillan e Srinivasan, 2015). Asbjornsen et al. (2011) destacam essa discrepância, citando as escalas de medição para avaliar os mecanismos ambientais subjacentes aos fluxos de água (por exemplo, à escala da folha e à escala do ponto ou da parcela para avaliar a dinâmica da humidade do solo) versus a escala a que os fluxos acumulados são compreendidos para fins de aplicação prática, muitas vezes à escala de bacias hidrográficas/paisagens mais vastas (por exemplo, evapotranspiração, caudal dos cursos de água, recarga de águas subterrâneas, etc.). McMillan e Srinivasan (2015) partilham a mesma opinião, observando que quando as medições ambientais (por exemplo, humidade do solo e águas subterrâneas) são feitas à escala pontual, a grande variabilidade na paisagem torna difícil (e dispendiosa) a obtenção de médias espaciais exactas. Discrepâncias semelhantes foram observadas por Williams et al. (2001) no que respeita às escalas em que os processos vegetais e hidrológicos interagem, o que complica o seu acoplamento. Isto apesar da forte ligação entre os ciclos da água e do carbono através de processos biofísicos, em que as alterações no balanço hídrico terão impacto na dinâmica dos sumidouros/fontes de CO_2 de um determinado ecossistema (Domingo et al., 2011). Do mesmo modo, a influência das variáveis micrometeorológicas na transpiração pode variar em pequenas escalas espaciais e temporais, o que se reflecte nas diferenças entre espécies de plantas e indivíduos no que diz respeito aos fluxos de toda a planta (Asbjornsen et al., 2011). Rodriguez-Iturbe et al. (1999b) também destacam a discrepância entre a escala espacial em que operam as retroacções associadas à vegetação e à precipitação, relativamente às escalas que definem os padrões de vegetação onde são feitas as observações. Thompson et al. (2011) observaram uma lacuna semelhante relacionada com a escala no que diz respeito ao papel da vegetação na mediação da partilha da água à medida que se passa da escala das manchas para a escala das bacias hidrográficas. Estas questões relacionadas com a escala encontradas no que diz respeito aos fenómenos ambientais complicam frequentemente o acoplamento de processos e padrões e apresentam desafios não triviais na elaboração de previsões em escalas espaciais amplas (Williams et al., 2001; James et al., 2010; Thompson et al., 2011). É necessário agregar os processos de pequena escala a escalas maiores (Teuling e Troch, 2005), mas, segundo Puma et al. (2008), as relações entre as variáveis calculadas em termos de média espacial são histeréticas, cujas características dependem da dimensão da área de cálculo da média e das propriedades espaciais dos factores biofísicos nela contidos (por exemplo, solos, vegetação e precipitação). De facto, as questões de escala podem potencialmente confundir a inferência retirada dos processos ambientais observados (Reis et al., 2015).

Capítulo 2

2.1 Abordagens de escala relevantes para estudos ecológicos e hidrológicos

O problema das escalas sublinha a necessidade de uma representação adequada do espaço, uma vez que afecta uma miríade de questões de modelação, incluindo a forma como os processos são dimensionados no modelo, os dados necessários para parametrizar e validar ou testar o modelo e a forma de interpretar os parâmetros do modelo ou a dinâmica do modelo (Dietze e Latimer, 2011). Também se insiste na necessidade de uma caraterização adequada da forma como o padrão ou a estrutura e a variabilidade da paisagem mudam com a escala de descrição (Reis et al., 2015), bem como de uma compreensão aprofundada dos factores subjacentes aos padrões espaciais da vegetação (Valladares e GuzmOn, 2006; James et al., 2010).

Uma vez que a escala de investigação determina a gama de padrões e processos identificados (Weins, 1989), um quadro de modelação realista exige uma identificação clara dos processos críticos que controlam e influenciam em grande medida os fenómenos-alvo, bem como a variabilidade existente em cada escala (Bradford et al., 2005; Asbjornsen et al., 2011), juntamente com a definição da unidade de modelação ideal.

Um passo importante e necessário relevante para a modelação envolve a identificação de escalas características e a conetividade de padrões e processos que controlam os fluxos laterais e verticais (Cushman et al, .2009). Segundo estes autores, esta é uma etapa fundamental que está na base de uma interpretação bem sucedida do comportamento de um sistema, bem como da previsão de trajectórias futuras no contexto de perturbações e pressões externas. Igualmente importantes são os esforços para avaliar o padrão espacial e integrar padrões e processos na modelação dos ecossistemas de savana. Como base, Caylor e Shugart (2000) enfatizam a importância de definir a maneira pela qual o próprio padrão é conceituado, um requisito fundamental para a caraterização adequada do padrão espacial horizontal.

2.2 Abordagem de modelação hierárquica para resolver o problema das escalas associadas à heterogeneidade da superfície terrestre

Como já foi referido, a análise de padrões espaciais em prados arborizados torna-se complicada quando os padrões inerentes estão aparentemente associados a múltiplos processos que operam a múltiplas escalas. Por este motivo, é necessário separar as diferentes escalas de padrões e identificar sub-regiões distintas no âmbito de contextos espaciais ou temporais mais alargados (James et al., 2010). Em particular, para cada variável de interesse, é fundamental clarificar a escala de observação (extensão) e o grão espacial adequado, especialmente para objectos fractais como as redes hidrológicas (Detto et al., 2013).

Os modelos hierárquicos permitem avaliar a importância dos mecanismos subjacentes à estrutura e ao funcionamento dos ecossistemas a várias escalas espácio-temporais (Newman et al., 2006), bem como a conetividade associada. Estes modelos abstraem a paisagem como uma entidade integrada com propriedades e dinâmicas agregadas que estão ligadas a propriedades e dinâmicas de entidades de escala fina que a compõem (Cushman et al., 2009 e Jenerette et al., 2012). Segundo eles, os modelos hierárquicos baseiam-se na teoria hierárquica que reconhece que a estrutura e a função numa escala são influenciadas pela estrutura e pela função noutra escala. Isto é semelhante ao conceito de "domínios de escala" avançado por Wiens (1989). Os domínios são aplicáveis a sistemas ecológicos em que a dependência da escala não é contínua, estando associados a regiões do espetro em que, para um determinado fenómeno de interesse, não se detectam muitas alterações do fenómeno com a mudança de escala. Os domínios são separados por transições óbvias e acentuadas de dominância de um conjunto de factores para um conjunto diferente de factores, exigindo a identificação de escalas "não arbitrárias" de padrões ecológicos (Wiens, 1989; James et al., 2010).

Cushman et al. (2009) observam a relação existente entre as escalas e os níveis organizacionais ou hierárquicos utilizados para conceituar os ecossistemas (i.e., organismo, povoamento, paisagem, eco-região, bioma e globo). Estes níveis (ou domínios) também são usados para definir limites para a generalização, bem como para restringir a comparação de medições capturadas em diferentes domínios de escala, onde tais medições reduzem as correlações entre variáveis, até então evidentes dentro de um domínio particular (Wiens, 1989). À medida que se percorre os níveis organizacionais dos ecossistemas, reconhece-se uma variabilidade espacial mais ampla ou mais fina e processos ecológicos que parecem alterar as interacções entre as espécies e o seu ambiente (Cushman et al., 2009). Estes autores observam que as alterações aparentes dos padrões ecológicos são acompanhadas por alterações nas relações aparentes entre padrões e processos. Segundo eles, para um estudo interessado num determinado nível hierárquico do ecossistema, é possível alterar a escala de medição em termos de grão e/ou extensão, mantendo as mesmas entidades ou coisas que estão a ser medidas. No entanto, à medida que o estudo transita através dos níveis hierárquicos, as entidades, processos e estruturas de interesse mudam e o mesmo acontece com a escala de medição em termos de grão e/ou extensão. Com base nestes modelos hierárquicos, a análise dos padrões espaciais pode exigir a identificação de atributos específicos da escala global e local, utilizando técnicas que permitam testar a significância estatística (James et al., 2010). Essas técnicas incluem a variação da média e a variação do conjunto de dados na região de estudo; a diferença média ao quadrado (semivariância) ou a autocorrelação espacial como medida de semelhança ou distância; a análise espetral e a análise dimensional, entre outras (Wiens, 1989; James et al., 2010). No entanto, o papel da variância a nível local é obscurecido em escalas espaciais amplas relativamente a outros factores importantes, como os factores climáticos. A combinação destes factores acentua a complexidade e a não linearidade dos processos ecológicos e dos feedbacks padrão-processo e pode potencialmente invalidar as capacidades de previsão dos modelos de estrutura e processos do ecossistema.

Intimamente relacionado está o conceito de conetividade que é central na compreensão e projeção do comportamento dos ecossistemas de savana arborizada. De acordo com Cushman et al. (2009), o conceito de conetividade em relação à estrutura do ecossistema pode ser usado para visualizar as escalas espaciais e temporais sobre as quais os factores bióticos e abióticos do ecossistema operam, permitindo assim evitar erros relacionados com as escalas. Uma boa compreensão deste conceito motiva a necessidade de separar suficientemente as escalas que operam em relação aos processos/factores exógenos e endógenos (Detto et al., 2013). A conetividade pode ser vista em termos de dimensões ecológicas e hidrológicas e, em qualquer uma delas, implica tanto a conetividade estrutural como a funcional (Cushman et al., 2009; Thompson et al., 2011). Cushman et al. (2009) referem que, no contexto ecológico, a conetividade estrutural, em particular, está relacionada com a ligação física das unidades ecológicas, com especial incidência na medida em que a paisagem é contígua ou fragmentada. Por outro lado, a conetividade funcional ecológica refere-se ao papel dos processos na ligação dos habitats. A disposição das copas, o agrupamento de árvores e a dinâmica da fase de lacuna, entre outros, foram citados como importantes processos funcionais ecológicos associados à conetividade a nível local (Detto et al., 2013). As redes hidrológicas e as estruturas topográficas relacionadas são de natureza fractal e sustentam a estrutura e o padrão espacial das bacias hidrográficas que seguem os atributos de convexidade da paisagem (Detto et al., 2013). Neste contexto, a conetividade hidrológica pode ser conceptualizada de uma forma estática quando se examinam unidades hidrológicas distintas (Cushman et al., 2009). Por outro lado, o aspeto dinâmico da conetividade hidrológica, pelo menos em escalas temporais curtas, refere-se à representação de variações nas condições antecedentes e na entrada de precipitação no sistema, o que resulta em variabilidade na resposta à precipitação em toda a paisagem (Cushman et al., 2009). De um modo geral, a importância dos processos hidrológicos - erosão, meteorização, transporte, sedimentação/deposição e propriedades associadas do solo e disponibilidade de nutrientes - difere nas paisagens, dependendo da posição relativa das características topográficas, como declives, vales, cumes, entre outros (Detto et al., 2013). Segundo eles, as propriedades da superfície (por exemplo, a humidade antecedente do solo) associadas às respectivas características topográficas afectam a conetividade hidrológica funcional, impedindo ou facilitando esse fluxo, e influenciam indiretamente a conetividade estrutural das unidades hidrológicas, que pode ser examinada, por exemplo, pelo grau em que produzem um fluxo contínuo de escoamento superficial. De facto, as múltiplas fontes de variabilidade dos processos hidrológicos em toda a bacia hidrográfica, incluindo a humidade do solo, a textura do solo e as propriedades de retenção de água, devem ser compreendidas e contabilizadas em termos da sua variabilidade e organização espaciais e das alterações ao longo da estação (McMillan e Srinivasan, 2015), particularmente devido ao seu papel no controlo da organização da vegetação. A análise da relação entre a topografia e a organização da vegetação pode revelar propriedades dependentes da escala, incluindo a semelhança fractal na distribuição da vegetação que pode estar associada à rede e aos processos hidrológicos (Detto et al., 2013). Além disso, as ligações de unidades de pequena escala são fundamentais (Peters et al., 2007), assumindo-se frequentemente que os mecanismos biofísicos emergem do comportamento coletivo (ou interacções) de unidades de menor escala (Reis et al., 2015).

Por conseguinte, é necessário ter em conta a conetividade das unidades de escala fina em termos das suas relações espaciais, o comportamento dos fluxos biofísicos e as trajectórias de ajustamento associadas em várias escalas (Tague, 2005). Estas incluem a consideração da interação entre o microclima e os controlos fisiológicos das plantas na transpiração, por exemplo, que podem variar em pequenas escalas espaciais e temporais e ter impacto nos fluxos de água (Asbjornsen et al., 2011). Em apoio a esta abordagem, Asbjornsen et al. (2011) observa que, uma vez que não é possível medir grandes unidades de amostragem, as abordagens de escala "ascendente" devem ser construídas com base numa compreensão sólida dos processos de fluxo em diferentes níveis hierárquicos do sistema. A ideia da estrutura auto-organizada dos ecossistemas constitui a base para o emprego da área elementar representativa ou do volume elementar representativo (REA/REV), em que a variabilidade entre amostras é minimizada como meio de derivar unidades de modelação óptimas e em que a escala é frequentemente considerada uma questão importante (Tague, 2005; Jenerette et al., 2012). A ocorrência de uma estrutura "irregular" observada na demografia da vegetação, referente a uma unidade espacial e temporalmente homogénea, especialmente em prados arborizados, por exemplo, pode ser um bom indicador de uma REA e convenientemente associada a um quadro de concetualização baseado em manchas (Caylor e Shugart, 2009). As características topográficas também podem ser utilizadas como unidades de modelação (Fitichi et al., 2012). De facto, nos prados, o papel do gradiente topográfico pode manifestar-se indiretamente através da sua influência na distribuição/disponibilidade dos recursos, incluindo a humidade do solo, os nutrientes, a temperatura e/ou a abundância de certas espécies (Augustine, 2003). Estas manchas ou unidades eco-hidrológicas são utilizadas para transitar entre partições hierárquicas (Jenerette et al., 2012), uma vez que podem refletir potencialmente a relação multi-escala entre a topografia e a organização da vegetação (Detto et al., 2013).

A aplicação de modelos hierárquicos no que diz respeito à compreensão dos mecanismos subjacentes à estrutura e funcionamento dos ecossistemas tem, no entanto, sido associada a desafios. De acordo com Newman et al. (2006), as abordagens holísticas (por exemplo, a teoria hierárquica) reconhecem e descrevem fenómenos significativos sem fornecer explicações. Por outro lado, as abordagens reducionistas procuram explicar os fenómenos, mas são incapazes de indicar o significado, a não ser no contexto de organizações de nível superior. Os modelos hierárquicos também se deparam com dificuldades relacionadas com a definição dos seus níveis hierárquicos, dos seus limites e das suas características (Cushman et al., 2009). Além disso, de acordo com Jenerette et al. (2012), tanto as teorias hierárquicas como as organizacionais não consideram explicitamente as fontes de partição de escala. Para além disso, deparamo-nos com uma série de desafios na ligação das relações entre os níveis de organização do ecossistema, nomeadamente (i) a mudança de escala; (ii) a mudança de entidade; e (iii) a mudança de processos; e combinados, são interpretados como o estrangulamento subjacente à integração das relações padrão-processo ecológicas através do espaço e do tempo. Consequentemente, os modelos hierárquicos sofrem de uma desconexão na previsão das relações entre processos no sistema em função do nível e da escala e, tal como referido por Newman et al. (2006), a compreensão de um sistema a um nível exige o conhecimento dos níveis adjacentes acima e abaixo.

2.3 Outras abordagens para concetualizar o padrão local da heterogeneidade da superfície terrestre

Há outras abordagens existentes que podem potencialmente contornar os desafios relacionados com os modelos hierárquicos. Caylor e Shugart (2000) citaram três quadros de concetualização para analisar os padrões espaciais da vegetação, nomeadamente as abordagens baseadas no indivíduo, nas manchas e na intensidade. Cada quadro concetual está correlacionado com a escala a que é aplicado, o que implica, em grande medida, pontos fortes e fracos inerentes e pressupostos subjacentes aos padrões inferidos por estes quadros de concetualização. Dependendo do quadro concetual utilizado, a interpretação correspondente do padrão de vegetação pode assumir diferentes formas e seguir diferentes abordagens de caraterização e previsão ou informação sobre a natureza do padrão e da dinâmica estrutural da vegetação de savana, um facto que pode ter influência na avaliação do importante papel da ecologia espacial nos ecossistemas de savana. Daly et al. (2000) também citaram algumas abordagens que podem ser aplicadas para fazer a ponte entre o conhecimento adquirido à pequena escala e a inferência sobre fenómenos de escala mais grosseira. Segundo eles, uma das abordagens consiste em derivar versões de modelos de pequena escala, simplificando assim o modelo apenas para as variáveis determinantes mais importantes e facilmente mensuráveis. Uma outra abordagem que destacaram consiste em explorar e aplicar relações simples, por exemplo, de crescimento e de utilização da água à escala da copa, com base numa interpretação fisiológica. Observam que as relações potencialmente lineares entre a quantidade de matéria seca produzida, por um lado, e a quantidade de radiação interceptada ou a quantidade de água transpirada, por outro, expressas respetivamente como eficiência de utilização da luz ou eficiência de utilização da água, são soluções candidatas para a questão da escala. Esta abordagem é comparável aos métodos multi-escala citados por James et al. (2010) e Detto et al. (2013). Segundo eles, as abordagens multi-escala são capazes de identificar atributos globais e locais específicos da escala. Estes métodos decompõem as séries temporais ou os dados de transectos em atributos específicos da escala, identificando assim a periodicidade e os limites desses dados, e incluem a análise de lacunaridade, os métodos de vectores próprios baseados na distância e a análise wavelet (James et al., 2010). Cushman et al. (2009) também fizeram referência a estes métodos, referindo-se a modelos de gradiente multi-escala que se centram nos organismos e nas suas interacções com as principais forças motrizes ou mecanismos em escalas espaciais e temporais. Segundo estes autores, os modelos de gradiente contornam o problema da deslocação entre entidades, ao mesmo tempo que facilitam a transição entre processos, uma vez que a modelação das relações entre os processos e a resposta dos organismos pode ser efectuada de forma contínua em toda a escala. Nestes modelos, o grão apropriado e a extensão da análise são fixos, ao passo que as entidades e variáveis apropriadas que relacionam os mecanismos com as respostas são definidas e não mudam qualitativamente ao longo da escala (Cushman et al., 2009). Observam ainda que, ao contrário dos modelos hierárquicos, a abordagem de modelação gradiente não considera os processos como actuando a um determinado nível da organização, nem os seus efeitos como sendo dirigidos a uma entidade emergente específica. Em vez disso, os modelos gradientes sustentam que os processos actuam numa gama caraterística de escala espacial e temporal e interagem com outros processos. Além disso, a abordagem gradiente sublinha que os efeitos dos processos ecológicos a qualquer escala devem ser considerados com base no contexto da forma como influenciam os organismos. A ideia de modelação de gradientes multi-escala é semelhante à abordagem baseada na intensidade citada por Caylor e Shugart (2009), que é um quadro de concetualização da caraterização do padrão espacial da vegetação em grandes áreas. Segundo estes autores, esta abordagem baseia-se na utilização de uma intensidade espacialmente explícita de uma variável contínua, como a biomassa ou o índice de área foliar, e está estreitamente associada à aplicação de dados de teledeteção. Observam que a aplicação desta abordagem se tornou comum com alguns estudos que associam os padrões/manchas baseados na intensidade inferidos a partir de dados obtidos por teledeteção às competências dos modelos dinâmicos de vegetação global (DGVM), bem como aos modelos de produtividade de dossel à escala fina para simular a dinâmica de diferentes formas de vida. Além disso, estas aplicações foram alargadas através da exploração das relações entre a variabilidade ambiental e as funções de vegetação simuladas pelos modelos de produção de copas e da incorporação destas relações em simulações de maior escala da produção regional. Ao mesmo tempo, estas abordagens também permitiram uma análise multi-escala da relação entre a topografia e a distribuição da vegetação, especialmente nos casos em que a organização da vegetação aparentemente revela uma semelhança fractal que se pressupõe ser controlada pela rede de drenagem e pelos processos hidrológicos associados (Detto et al., 2013).

2.4 Dimensões importantes das observações de campo para abordagens de escalonamento

Poucos estudos examinaram a escala a que os processos de condução operam em relação à ocorrência de padrões espaciais associados que emergem (Augustine, 2003). No entanto, na ausência de regras de escala definidas para as interacções individuais, torna-se difícil explicar, interpretar ou prever as alterações e a dinâmica da estrutura da vegetação e os padrões espaciais à escala da paisagem (Vertovec et al., 2001). Por conseguinte, existe uma necessidade prática de criar abordagens de escalonamento a diferentes níveis com o objetivo de fornecer informações sobre a transferência de informações entre escalas e a uma escala de medição adequada (Asbjornsen et al., 2011). Igualmente importante é o desenvolvimento de leis ou formulações para simplificação, agregação, universalidade e escalonamento (Reis et al., 2015).

Uma caraterística central na construção de abordagens de escala apropriadas reside no estabelecimento de uma ligação adequada entre os parâmetros do modelo e as características mensuráveis do ecossistema (van Wijk e Bouten, 2002; van Wijk e Rodriguez-Iturbe, 2002). A este respeito, a definição da resolução temporal e espacial dos dados de campo e o seu efeito na modelação (Newman et al., 2006) continua a ser uma consideração importante. De facto, as observações de campo devem ter em conta as fontes de variabilidade, por exemplo, o declive, a fertilidade do solo, a profundidade do solo, o sombreamento e a variação da textura do solo (Bengough et al., 2000). Em particular, é necessário fazer corresponder a dimensão e/ou o número de unidades de amostragem à variabilidade do processo específico visado (Bradford et al., 2008). A extensão da discretização espacial da superfície terrestre, bem como a intensidade dos requisitos de amostragem necessários para caraterizar o processo, dependem em grande medida dos processos modelados e da natureza da heterogeneidade neles contida (Bradford et al., 2005; Puma et al., 2008), bem como dos objectivos da investigação (Weins, 1989). Do mesmo modo, as flutuações temporais dos processos estudados informam fortemente as resoluções temporais mais adequadas das observações, por exemplo, anual, sazonal, diária ou sub-diária (Bradford et al., 2008). Por exemplo, no que respeita à avaliação da dinâmica do armazenamento ou do balanço do carbono, a escolha dos processos pode ser inferida a partir da magnitude do reservatório ou dos fluxos de carbono correspondentes associados a um determinado processo (Bradford et al., 2008; Davis, 2008). Além disso, o contexto em que o reservatório ou fluxo de carbono ocorre numa determinada unidade ecológica determina em grande medida as técnicas de medição e o âmbito (escalas temporais e/ou espaciais horizontais e verticais) utilizados para recolher amostras da armazenagem e dinâmica do carbono (Bradford et al., 2005).

De acordo com Asbjornsen et al. (2011), os estudos baseados numa amostragem tendenciosa e não aleatória das parcelas garantem que estas estão localizadas em áreas estruturalmente representativas dentro do povoamento. Por outro lado, seguir um desenho consistente evita a tendenciosidade e, quando se estabelece um grande número de parcelas de amostragem, assegura-se uma representação adequada, permitindo simultaneamente a comparação estatística da variabilidade espacial e dos padrões entre locais (Bradford et al., 2008). De facto, o isolamento das variações através de uma amostragem e de um desenho experimental (Jenerette et al., 2012) que permita uma maior intensidade das unidades de amostragem (Bradford et al., 2008) pode melhorar consideravelmente a caraterização do padrão de variabilidade espacial. Tais esforços são, no entanto, limitados pelo tempo e pela disponibilidade de recursos (Asbjornsen et al., 2011). O desenho da amostragem que acomoda uma replicação e controlo adequados permite a realização do isolamento estatístico de padrões e processos relevantes para o respetivo local, possibilita a realização de inferências fiáveis a partir de experiências ecológicas, bem como a definição de relações entre mecanismos ecológicos e entidades ou fenómenos de interesse (Asbjornsen et al., 2011; Jenerette et al., 2012). Existem vários modelos de orientação das unidades de amostragem ao longo das paisagens, com o objetivo de reduzir a necessidade de medir as variáveis-alvo em todas as parcelas/sítios ao longo dos gradientes espaciais. Bradford et al. (2008) destacaram algumas concepções comuns, incluindo a dispersão de parcelas ao longo de gradientes ambientais conhecidos, tipos de vegetação e bordos de manchas; a estratificação prévia das paisagens em estratos únicos e a subsequente localização de parcelas ao longo dos estratos/classes representativos; o agrupamento de parcelas a escalas espaciais variáveis que acomodem a variabilidade espacial; a utilização de parcelas de diferentes dimensões e/ou número de parcelas para medições de diferentes processos; e a dispersão de parcelas numa grelha regular ao longo da paisagem.

Os conhecimentos sobre estas concepções são relevantes para a operacionalização do Observatório dos Ecossistemas Terrestres previsto para as pradarias arborizadas da bacia hidrográfica do Alto Ewaso Ngiro, no centro do Quénia. Este observatório destina-se a apoiar a avaliação dos fluxos de carbono e água na região, especialmente no contexto da degradação generalizada das pastagens que tradicionalmente apoiaram a pastorícia de subsistência e a criação comercial de gado e a conservação da vida selvagem. Como objetivo separado deste documento, elaboramos os princípios ou pressupostos fundamentais que orientaram a conceção destas medições na secção 3. Concentramo-nos particularmente na campanha de campo intensiva realizada em dois locais experimentais (Mpala e Ilmotiok) entre junho e agosto de 2016 e fevereiro de 2017 e ainda em curso desde junho de 2017. A área de estudo é descrita, bem como as técnicas empregues e o desenho que orienta a dispersão das unidades de amostragem. Na secção 4, são discutidos os destaques do desenho e das técnicas utilizadas no estudo. A secção 5 apresenta as observações finais.

Capítulo 3

3.1 Avanço da abordagem multi-escala na conceção de observações in-situ nas sub-bacias de Mpala e Ilmotiok

3.2 Descrição dos sítios de estudo

A Bacia Hidrográfica do Alto Ewaso Ngiro (UENRB, Fig. 1 abaixo) é uma vasta região no centro do Quénia que atravessa diversas zonas topográficas e climáticas I-IV (Jaetzold e Schmidt, 1983). Cerca de 70% desta região situa-se no chamado "Planalto de Laikipia", sendo o restante constituído pelas encostas do Monte Quénia e pelas cordilheiras de Aberdare. A região suporta vários regimes de gestão de terras, incluindo a pastorícia tradicional de subsistência, a criação comercial de gado e a conservação, todos dependentes da produtividade primária, da estrutura e da composição da vegetação (Riginos et al., 2009; Franz et al., 2011). A degradação é óbvia entre os ranchos do grupo que estão a praticar a pastorícia tradicional. Nesses ranchos, as paisagens passaram de um mosaico de árvores e gramíneas com uma cobertura de gramíneas perenes sub-densa e contínua para uma matriz de árvores nuas com manchas nuas relativamente ligadas (Franz et al., 2011; Franz et al., 2012). Por outro lado, os ranchos comerciais nesta região são geridos tanto para a produção de gado como para a conservação da vida selvagem e têm uma biodiversidade abundante (Riginos et al., 2009).

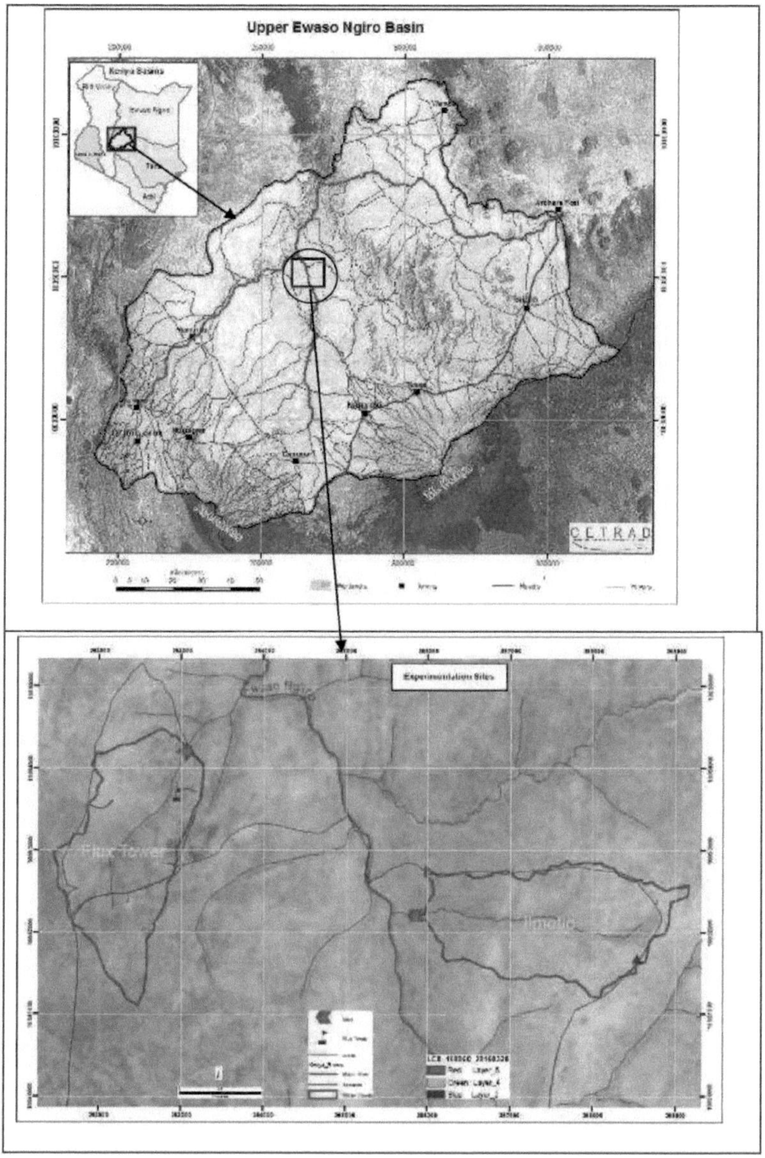

Figura 1: Localização da região de estudo e delimitação dos locais de experimentação

As medições in-situ das variáveis biofísicas são efectuadas em dois locais de estudo, nomeadamente Mpala (36.87006 E, 0.48584 N) e Ilmotiok (36.92060 E, 0.46743 N) (Fig. 1). Administrativamente, os dois locais situam-se no condado de Laikipia, a cerca de 40 km a nordeste da cidade de Nanyuki, no Quénia. Além disso, os dois sítios são adjacentes um ao outro, sendo delimitados pelo rio Ewaso Ngiro. Como tal, presume-se que estes locais têm, em geral, uma distribuição semelhante das propriedades climáticas e edáficas, tal como descrito em Franz et al. (2010), Franz et al. (2011) e Franz et al. (2012). De acordo com eles, a precipitação ocorre em duas estações chuvosas distintas com totais quase iguais, nomeadamente as estações de março-maio e outubro-dezembro, com uma estação de crescimento que dura cerca de 90 dias. A precipitação média anual (MAP) é de cerca de 450 mm por ano^{-1} (com um coeficiente de variação de cerca de 0,318). A taxa média de precipitação (£) é de 6,5 mm h^{-1} (com um desvio padrão, SD de 4,24), associada a uma profundidade máxima de precipitação (a) durante a estação de crescimento de cerca de 8-9 mm, um intervalo de tempestade (ou taxa de chegada de tempestade, λ) de cerca de 0,19-0.22 dia^{-1} , uma humidade relativa média diária de cerca de 65% (com um desvio padrão de 5), uma evaporação média diária de cerca de 6 mm dia^{-1} (com um desvio padrão de 2), uma radiação de onda curta média diária de cerca de 325 W m^{-2} luz do dia^{-1} ,(com um desvio padrão de 90), uma média de horas de sol de cerca de 6.5 h diárias^{-1} (com DP de 2,5), uma temperatura média diária de cerca de 20° C (com DP de 1,5) e uma velocidade média diária do vento de cerca de 1,9 m s^{-1} (0,5). A maioria destes parâmetros baseia-se em registos históricos de quinze a cinquenta anos, com exceção da taxa média de precipitação, determinada com base em dados recolhidos durante dois anos durante a experiência.

No entanto, os sítios de Mpala e Ilmotiok apresentam um grande contraste no que diz respeito ao grau de interferência humana que altera cada vez mais a cobertura vegetal e modifica as propriedades e processos biofísicos. Manifestam diferenças óbvias em termos de nível de degradação/distúrbio, bem como a abundância relativa e a distribuição de manchas lenhosas, herbáceas e nuas. Estes contrastes permitem a investigação dos fluxos de carbono e água na bacia hidrográfica do Alto Ewaso Ngiro no contexto das pressões antropogénicas. Em particular, os dois sítios oferecem contextos ideais para investigar duas fontes principais de pressões próximas que podem potencialmente ter impacto nos fluxos de carbono/água. Estas pressões são: (i) o efeito do pisoteio espacialmente variável do solo e outros efeitos de pastores/arbustos, e (ii) o efeito da configuração espacialmente variável da vegetação lenhosa versus herbácea.

O local de estudo de Mpala está localizado dentro de uma área de conservação da natureza gerida pelo Centro de Investigação de Mpala e está entre os muitos ranchos comerciais da região (Riginos et al., 2009; Franz et al., 2011). Por outro lado, o local de estudo de Ilmotiok é uma das terras comunais Maasai, anteriormente extensas pastagens que são agora pequenas unidades fragmentadas de ranchos de grupos individuais onde os pastores de subsistência são comuns e associados a mobilidade reduzida e sobrepastoreio (Franz et al., 2011). O sítio de Mpala assemelha-se a uma bacia alongada e pouco profunda, orientada no sentido sul-norte e delimitada por uma bacia hidrográfica menos visível, com um ribeiro efémero que corre longitudinalmente no sentido norte e drena a sub-bacia. O Pico do Naibor destaca-se a sul da sub-bacia e forma a zona de cabeceira que cai suavemente enquanto se estende para norte. Esta zona é caracterizada por um denso coberto vegetal lenhoso e é dominada por um padrão de drenagem dendrítico com pequenos riachos e ravinas aparentemente ditados pela rugosidade da superfície, pela microtopografia e pelas barreiras impostas pelos moldes da vegetação. Mais abaixo, os riachos convergem para um canal distinto que tem uma zona ribeirinha bem definida. O canal é ladeado por encostas que se elevam moderadamente em ambos os lados, acabando por dar lugar a formações delgadas, semelhantes a planaltos, no topo, delineando claramente a bacia hidrográfica da sub-bacia de Mpala. O canal percorre a paisagem, convergindo com outros canais que drenam as sub-bacias adjacentes, acabando por desaguar no rio Ewaso Ngiro a cerca de 2 ou 3 quilómetros de distância. A densa vegetação lenhosa que domina a zona da cabeceira estende-se ao longo do canal para formar um conspícuo dossel ribeirinho intercalado com manchas herbáceas.

O sítio de Ilmotiok caracteriza-se por um vale conspícuo que disseca a paisagem na direção este-oeste. As bacias hidrográficas da sub-bacia são delimitadas por formações esbeltas de tipo planáltico. Na extremidade mais distante da sub-bacia, a leste, estas formações caem suavemente numa zona de cabeceira que é dominada por riachos e pequenas ravinas com um canal de drenagem menos óbvio. Esta zona está parcialmente pontilhada de propriedades e o impacto humano na vegetação é predominante, refletido pela baixa cobertura de vegetação lenhosa e substituída por áreas abertas generalizadas dominadas por manchas herbáceas e nuas. A zona estende-se para oeste e, à medida que o declive se torna mais pronunciado, o padrão dendrítico dos riachos é mais visível, uma vez que convergem em pequenos cursos de água que cortam a paisagem em pequenas unidades hidrológicas. Mais abaixo e longe da habitação humana, uma formação semelhante a um vale estende-se proeminentemente para oeste, dissecando a paisagem de forma mais proeminente a jusante e delimitada por encostas moderadas a íngremes. As partes superiores das encostas em Ilmotiok são dominadas por riachos e pequenas ravinas que convergem gradualmente em pequenos cursos de água, cortando visivelmente o meio e o sopé da encosta em pequenas unidades hidrológicas. Estes cursos de água drenam separadamente para o canal principal que corre para oeste no fundo do vale, acabando por desaguar no rio Ewaso Ngiro. De um modo geral, o vale é caracterizado por uma cobertura moderada de manchas de vegetação lenhosa e por uma vegetação rasteira baixa. De acordo com Franz et al. (2011), as áreas entre copas são dominadas por uma intercalação de manchas herbáceas e nuas que estão a ser cada vez mais invadidas por *Sansevieriaspp*. (ver Placa 1).

Placa 1: Área entre copas em Ilmotiok (paisagem severamente degradada) invadida por Sansevieria spp.

3.3 Consideração do quadro de escalonamento "ascendente" na conceção das observações in situ

O sistema previsto de observação do carbono e da água na bacia hidrográfica do Alto Ewaso Ngiro é fundamental para uma compreensão correcta dos fluxos de superfície nos dois locais de estudo. No centro deste sistema de observação estão as observações in-situ de várias entidades, processos ou estruturas da paisagem. Estas incluem as propriedades físicas do solo (incluindo a textura do solo, a densidade aparente, a distribuição do tamanho das partículas); as propriedades hidráulicas do solo (incluindo o conteúdo de água do solo, a condutividade hidráulica, as curvas de retenção de água, a capacidade de infiltração/infiltração do solo); as propriedades estruturais e dendrométricas da vegetação (incluindo a distribuição das formas de vida da vegetação acima do solo, a identificação das espécies e o padrão de associação das espécies, a distribuição da biomassa das raízes finas, as medidas do diâmetro à altura do peito, a altura e o diâmetro da copa e o incremento do diâmetro); as propriedades fenológicas da vegetação (incluindo o índice de área foliar, o índice de vegetação da diferença normalizada); propriedades fisiológicas da vegetação (incluindo medidas do potencial hídrico foliar antes do amanhecer e a meio do dia, condutância estomática, trocas gasosas de CO_2 e H_2O, e fluxo de seiva); propriedades topográficas (incluindo medidas de elevação e modelo digital do terreno, e distribuição de características microtopográficas); propriedades hidrológicas (incluindo escoamento superficial, escoamento - propriedades de escoamento, e descarga do ribeiro); e variáveis meteorológicas (incluindo radiação líquida, radiação fotossinteticamente ativa, precipitação, velocidade e direção do vento, humidade relativa, pressão e temperatura do ar.

Em ambos os locais de Mpala e Ilmotiok, estas observações in-situ são concebidas como experiências únicas realizadas durante campanhas de campo intensivas de junho a agosto de 2016 e fevereiro de 2017 (e ainda em curso desde junho de 2017). O sucesso final destas experiências depende da distribuição adequada das unidades de observação, da seleção dos locais de monitorização e dos locais de instrumentação correctos e das estratégias de obtenção de médias espaciais (McMillan e Srinivasan, 2015). No entanto, este continua a ser um desafio central, dada a heterogeneidade das paisagens-alvo e a grande variabilidade da distribuição da vegetação. As variáveis ecológicas, hidrológicas, fisiológicas, meteorológicas e climatológicas abrangem uma vasta gama de escalas espaciais (desde a escala do ponto, da parcela ou do transecto até à escala da paisagem) ou temporais (desde a escala sub-hora, horária, diária até à anual) (Wiens, 1989; Cushman et al., 2009; James et al., 2010 e Detto et al., 2013). Para um sistema deste tipo, a definição de uma abordagem de escala apropriada é fundamental para recolher medições nas escalas correctas e adequadas para apoiar a calibração e parametrização de (sub)modelos para avaliação do carbono e da água nos dois locais de estudo. Cushman et al. (2010) apresenta um quadro de escalonamento "de baixo para cima" que inclui medições em várias escalas que são concetualmente semelhantes ao sistema de observação previsto. Como na Fig. 2 abaixo, o quadro de escalonamento "ascendente" é sustentado pelo aninhamento de vários níveis hierárquicos do sistema e associado a uma abordagem de modelização em várias escalas espaciais e temporais (Beringer et al., 2011). Estes últimos utilizaram um quadro deste tipo durante a sua campanha interdisciplinar (Savanna Patterns of Energy and Carbon Integrated Across the Landscape-SPECIAL) realizada no Northern Australian Tropical Transect (NATT) no norte da Austrália. O seu estudo utilizou uma série de medições que vão desde a escala fina até à escala da paisagem, incluindo medições da capacidade fotossintética ao nível das folhas; medições de fluxos utilizando técnicas de covariância de Foucault baseadas em torres em seis locais; medições/observações à escala das parcelas da composição e estrutura das espécies, índice de área foliar, reservas de carbono e propriedades do solo, bem como localização de árvores com altura superior a 2 m utilizando GPS diferencial sobre parcelas centradas em torres de fluxo; e fluxos e orçamentos de aeronaves e missões de deteção remota (LIDAR, Hiperespectral, RADAR e fotografia aérea). A adoção de uma estrutura de escala "ascendente" neste estudo permite acomodar as amplas escalas espaciais e temporais da variabilidade destas medições multi-escala.

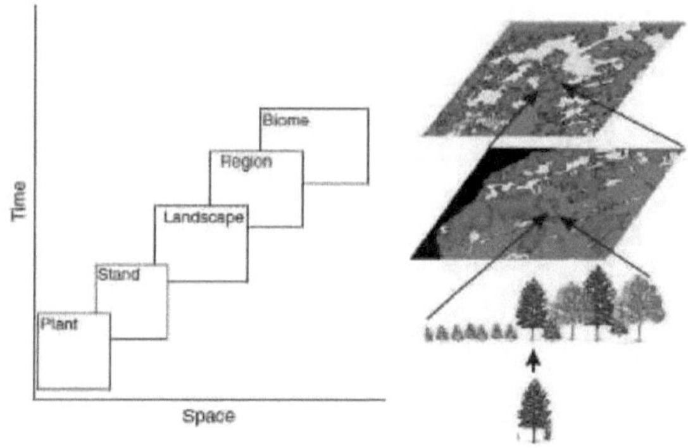

Figura 2: Modelo hierárquico tradicional de organização do ecossistema (Adaptado de Cushman et al. (2010), Fig. 3, página 45)

3.4 Conceção da amostragem para observações in situ das propriedades da superfície terrestre e dos fluxos de carbono e de água

Em ambos os sítios de Mpala e Ilmotiok, a variabilidade das propriedades biofísicas e dos processos que regem os fluxos de água e carbono é largamente influenciada pelo padrão de uso/cobertura da terra, características geo-morfológicas e micro-topográficas, propriedades texturais, estruturais e hidráulicas do solo e condições antecedentes de humidade do solo. Nestes dois locais, as formas de relevo características definem estratos óbvios, incluindo zonas de cabeceira, ribeirinhas e de encosta, e presume-se que condicionam amplamente a variabilidade espacial e temporal das propriedades da superfície terrestre e dos processos biofísicos. No entanto, para efeitos da delimitação efectiva destas zonas, foi realizada uma cartografia cinemática ou com GPS diferencial nos dois locais de estudo, com o objetivo de obter um modelo digital de elevação/terreno à escala fina. Trata-se de um contributo fundamental para a determinação das classes de relevo e da distribuição das características microtopográficas, que orientou em grande medida a localização das estruturas de amostragem e das unidades de observação no terreno (Fig. 3).

Para além do efeito da topografia, a distribuição da vegetação lenhosa e herbácea determina grandemente o balanço do carbono e da água. De facto, as condições da superfície terrestre regem a dinâmica dos fluxos de superfície com a atmosfera. A magnitude dos fluxos de carbono e de água, e o facto de estarem associados a perdas ou ganhos líquidos, reflectem em grande medida o estado da superfície terrestre. Os dois sítios de estudo são pontuados por um mosaico de manchas distintas (incluindo manchas arborizadas, herbáceas ou nuas) cuja disposição espacial influencia várias propriedades e processos biofísicos. Em particular, devido às diferenças na estrutura de enraizamento dos dois tipos funcionais de plantas (PFTs), as plantas lenhosas exibem uma atividade fotossintética mais prolongada após a estação das chuvas, em comparação com a camada herbácea. Esta configuração está também associada a uma variabilidade multiescalar das propriedades hidrológicas, edáficas e estruturais da biomassa subterrânea, que se manifesta de forma generalizada entre manchas, mas também a uma escala mais fina no interior de cada uma delas.

manchas. Este facto motiva uma maior estratificação das zonas baseadas no relevo em zonas densamente/moderadamente
manchas arborizadas versus manchas pouco arborizadas (Quadro 1).

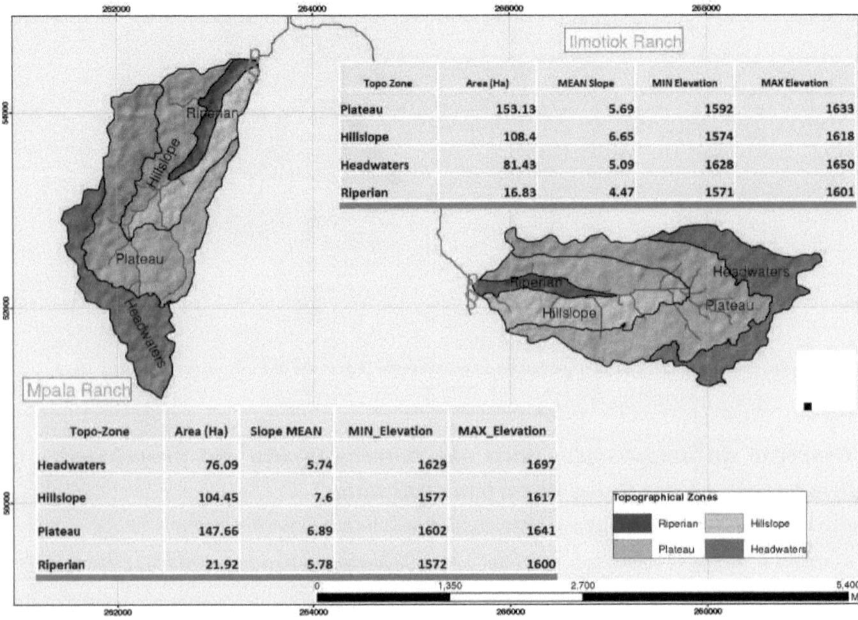

Figura 3: Principais formas de relevo e características hidrológicas que dominam a área de estudo

Quadro 1: Estratificação de cada sítio de superexperimentação; chave: coberto lenhoso denso (DW), coberto lenhoso moderado

(MW), coberturas herbáceas (HC) e manchas nuas (B)

		Headwater zone			Hillslope zone			Riparian zone		
Study sites		DW	HC	B	DW	HC	B	DW	HC	B
Mpala	Degradation gradient									
Ilmotiok										

Estes critérios abstraem as paisagens de Mpala e Ilmotiok e formam a base para uma ampla conceção de amostragem para medições hidrológicas, ambientais e biofísicas. Devido à natureza multi-escala destas medições, a conceção de amostragem acomoda níveis hierárquicos chave incluindo a escala de ponto, escala de parcela ou escala de transecto e escala de paisagem como elaborado abaixo. Estes níveis estão na base do quadro e das técnicas globais de conceção da amostragem (Fig. 4) do sistema de observação do carbono e da água previsto.

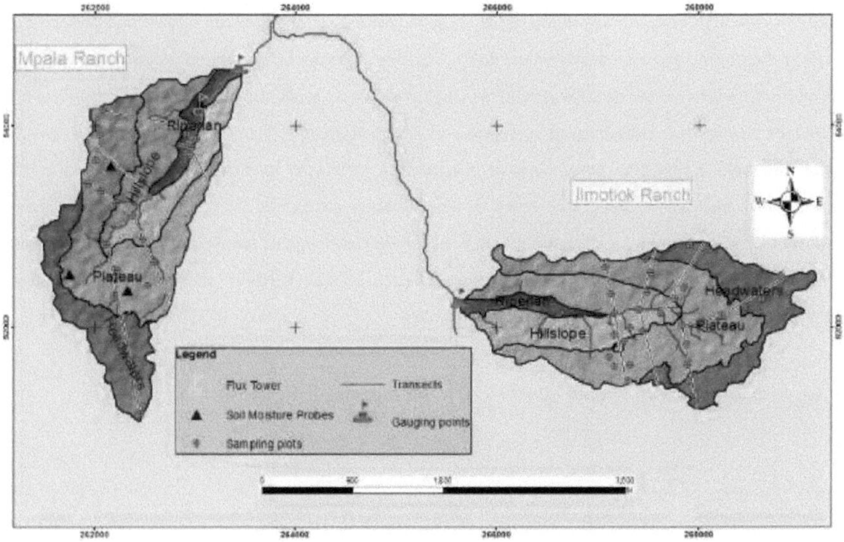

Figura 4: Quadro de conceção da amostragem e técnicas do sistema de observação do carbono e da água previsto

3.4.1 Descrição das medições à escala pontual

3.4.1.1 Medições da infiltração de humidade no solo

Diferentes pontos da paisagem desenvolvem diferentes padrões de repartição da precipitação. Embora se presuma que as manchas distintas (assinaladas no âmbito da conceção alargada da amostragem) são homogéneas à "escala alargada", apresentam, no entanto, uma variabilidade à escala fina, especialmente no que diz respeito às propriedades estruturais da biomassa subterrânea, bem como à rugosidade da superfície. A variabilidade destes factores impõe um grande controlo sobre os processos hidrodinâmicos, incluindo a infiltração e a condutividade hidráulica, bem como o escoamento superficial e o escoamento superficial/captura. De facto, a infiltração e a condutividade hidráulica são processos caracterizados por um padrão distinto à escala pontual, embora exibam uma mudança monotónica em relação aos factores edáficos e de vegetação. As medições de infiltração à escala pontual isolariam a variação e permitiriam o escalonamento das medições para corresponder às respetivas zonas da paisagem, utilizando técnicas de agregação adequadas. Durante as campanhas de campo em 2016 e 2017, foram realizados 177 testes de infiltração utilizando o infiltrómetro de mini-disco e a humidade antecedente do solo foi medida utilizando sondas de humidade do solo. Estas medições pontuais foram realizadas em manchas com formas de vida vegetal e tipos de cobertura distintos e nas mesmas parcelas de amostragem (ou seja, a parcela circular exterior de 50 m de raio) que se aninharam juntamente com as medições edáficas e de vegetação, conforme descrito abaixo (3.3.2.3). A condutividade hidráulica do solo à escala pontual, as curvas de retenção de água e a capacidade de infiltração do solo são derivadas destas medições.

3.4.1.2 Medições do teor de humidade e da temperatura do solo

Cortesia do Laboratório de Eco-hidrologia da Universidade de Princeton e em colaboração com o Centro de Investigação de Mpala, uma rede de sensores de monitorização da humidade e da temperatura do solo no sítio de Mpala (ver Fig. 4), mede as duas camadas superiores da coluna do solo à escala do ponto. Estes sensores estão localizados em pontos dominados por tipos funcionais de plantas distintas ou tipos de cobertura do solo. Esta distribuição variável oferece a oportunidade de investigar a dinâmica da humidade e da temperatura do solo em relação aos materiais da superfície terrestre, incluindo a cobertura herbácea/gramíneas, forbes, vegetação lenhosa e solo nu. Em cada ponto de monitorização, as medições são continuamente armazenadas num registador de dados com capacidade de transmissão via rádio incorporada. O registador de dados está ligado a uma antena montada num poste, assegurando a transmissão contínua dos dados para a estação de base na torre (ver placa 3). Mais pormenores sobre a conceção, instrumentação e recolha de dados por estes sensores podem ser obtidos em

www.princentonecohydrologylab.org.

Placa 3: Fotografia mostrando uma torre de fluxo e um poste que suporta uma antena ligada à humidade/temperatura do solo

sonda

3.4.1.3 Medições da distribuição da biomassa das raízes finas

De acordo com Olsthoorn et al. (1999), o padrão de distribuição horizontal da biomassa/densidade das raízes finas tem implicações para os métodos de amostragem. De facto, a configuração da vegetação lenhosa em termos da sua densidade e das distâncias entre indivíduos vizinhos em paisagens de savana arborizada determina em grande medida a distribuição horizontal das raízes finas. Nas manchas lenhosas, a distribuição da biomassa das raízes finas varia aparentemente com a distância dos troncos de referência e a heterogeneidade pontual é acentuada à medida que se afasta do centro do tufo. Nas manchas herbáceas, a biomassa de raízes finas à escala do ponto reflecte a densidade correspondente da cobertura herbácea. Além disso, dado o papel das raízes finas na extração da humidade do solo, a dinâmica da humidade do solo, incluindo o fluxo vertical e a taxa de depleção, apresenta uma variabilidade pontual semelhante. Por conseguinte, as medições pontuais destas variáveis devem ser reescalonadas em parcelas distintas, permitindo assim investigar em que medida a variabilidade da configuração da vegetação lenhosa corresponde à variabilidade da distribuição da densidade de enraizamento nos prados arborizados.

Durante as campanhas de campo em 2016 e 2017, foram efectuadas medições pontuais da distribuição da biomassa de raízes finas em parcelas de amostragem e transectos que também incluíam medições edáficas e de vegetação. O protocolo de amostragem implicou a escavação de três (3) covas localizadas a 0,5 m do tronco lenhoso de referência selecionado aleatoriamente e três (3) covas adicionais localizadas para além de 0,5 m, mas a menos de 1 m do mesmo tronco de referência. Cada fosso tem até 120 cm de profundidade e o solo é amostrado a um intervalo de 10 cm, utilizando o procedimento descrito por Wiser et al. (2002) e Che (2015). Após as campanhas de campo, cerca de 1.104 amostras são utilizadas para a determinação da textura do solo e da distribuição granulométrica e da distribuição da biomassa de raízes finas. Estas amostras são analisadas em laboratório com o objetivo de determinar a textura do solo e a distribuição granulométrica e a distribuição da biomassa de raízes finas.

Uma estratégia de amostragem paralela executada no sítio de Mpala implicou a seleção intencional de um bloco de amostragem dominado por *Acacia etbaica* e o mapeamento da localização de cada indivíduo de planta lenhosa utilizando GPS diferencial. Dentro deste bloco de amostragem, foram seleccionados propositadamente três a quatro pares de indivíduos lenhosos, representando a variabilidade no que diz respeito à distância entre pares vizinhos. Para cada par selecionado, é escavada uma trincheira (dimensão: 1,0 m [comprimento] *0,6 m [largura] * 1,0 m [profundidade]), o solo é cuidadosamente removido à mão ou com uma pá e a distância aos indivíduos lenhosos de referência é registada (placa 4). Para além da escavação de trincheiras, são seleccionados aleatoriamente quatro a cinco indivíduos lenhosos isolados e escavados mini-monólitos (com dimensões de 20 cm de comprimento* 20 cm de largura* 30 a 40 cm de profundidade) de 0,5 em 0,5 m para fora do tronco de referência, ao longo de uma linha reta (placa 5).

Placa 4: Trincheira escavada (dimensão: 1,0 m [comprimento] *0,6 m [largura] * 1,0 m [profundidade])

À medida que as trincheiras e os minimonólitos são escavados, a temperatura específica da profundidade (° C) é medida (utilizando uma pistola de termómetro), de preferência na face em que a luz não estava a incidir. Para cada trincheira ou minimonólito, e numa face da área da secção transversal/face alisada com pá e riscada com pregos afiados, é colocada uma grelha metálica com grelhas quadradas de 0,05 m * 0,05 m. As dimensões das grelhas metálicas são 80 cm de largura * 100 cm de profundidade para as trincheiras e 15 cm de largura * 60 cm de profundidade para os mini-monólitos. Utilizando as respectivas grelhas metálicas, são contados os números específicos de profundidade [0-10 cm, 10-20 cm, 20-30 cm e 30-40 cm] de intersecções de raízes finas (< 2 mm) por unidade de área da grelha. Os testes de penetração do solo são também efectuados nas mesmas profundidades, utilizando um medidor de dureza do solo. Ao longo deste bloco de amostragem, está planeada uma avaliação detalhada da distribuição das raízes finas durante o final da estação seca e também no final da estação de crescimento, assegurando que as escavações mantêm a homogeneidade espacial ao serem escavadas de novo, mas a uma distância inferior a 2 m. A campanha de campo de fevereiro de 2017 coincidiu com o final da estação seca.

Com base em todas estas técnicas, a análise da densidade das raízes finas em função da distância e das classes de densidade revelaria potencialmente um padrão geral de distribuição das raízes finas, mesmo com uma resolução tão fina. A análise de perfis pontuais permitirá obter informações sobre a distribuição da densidade das raízes ao longo das camadas vadosas, bem como sobre a variabilidade no interior da parcela, especialmente no que respeita à distância das árvores, à associação das copas e à dureza do solo.

Placa 5: Mini-monólitos escavados (de dimensões 20 cm de comprimento* 20 cm de largura* 30 a 40 cm de profundidade)

3.4.1.4 Medições do potencial hídrico foliar

O potencial hídrico foliar antes do amanhecer e ao meio-dia é determinado usando uma bomba de pressão, com o objetivo de amostrar pelo menos cinco (5) indivíduos por espécie, todos os espécimes com folhagem saudável e espalhados pelos locais de Mpala e Ilmotiok. Os locais de amostragem são as manchas com ocorrência de plantas lenhosas) onde são amostrados aleatoriamente indivíduos lenhosos (rebentos saudáveis e indivíduos maduros) que também fazem nidificação dendrométrica e medições de incremento de biomassa, são marcados e etiquetados para medições de potencial hídrico foliar. Para cada indivíduo, são escolhidas 4 folhas (2 folhas expostas ao sol e 2 sombreadas/camada mais profunda) de modo a poder calcular a média de uma folha e a altura da posição do registo dos espécimes foliares. Para a determinação do potencial hídrico foliar antes do amanhecer, os espécimes foliares são cuidadosamente cortados com uma faca afiada e colocados num saco de plástico antes do amanhecer, sendo as medições efectuadas com uma bomba de pressão 20 a 30 minutos após o corte dos espécimes. Para as medições a meio do dia, os espécimes de folhas serão colhidos entre as 1200 e as 1500 horas, durante o dia claro. Na altura (tanto antes do amanhecer como a meio do dia) em que são colhidos os espécimes de folhas de um indivíduo-alvo numa área de amostragem, a temperatura atmosférica (ar) e o défice de saturação (indicador da humidade relativa) são também medidos com um higrómetro, tanto ao nível da subcopa como ao nível do solo do indivíduo. Estas medições são efectuadas durante a estação de crescimento, no início da estação seca (fim da estação húmida), a meio da estação seca e também no fim da estação seca, pelo menos para as espécies de plantas lenhosas fotossinteticamente activas que restam

3.4.1.5 Medições das propriedades fisiológicas da vegetação

As propriedades fisiológicas importantes das plantas incluem a condutância estomática da folha, as trocas gasosas da folha e a concentração ambiente (ou atmosférica) de CO_2 e são convenientemente medidas utilizando o Leaf Porometer e o Photosynthetic System (LI-COR Photosynthetic System), respetivamente. Estas medições visam plantas herbáceas e lenhosas e são, portanto, efectuadas em manchas com ocorrência de plantas lenhosas e também herbáceas, seguindo o procedimento descrito em Engel et al. (2002), Rings et al. (2013) e Holdo e Nippert (2015).

Os indivíduos lenhosos amostrados para o potencial hídrico foliar são elegíveis para a condutância estomática foliar, as trocas gasosas e as medições da concentração ambiente de CO_2 , com o objetivo de obter medições de pelo menos cinco (5) indivíduos por espécie. Para cada um dos 2 ou 3 indivíduos lenhosos de uma mancha de amostragem, são marcadas como espécimes 2 folhas expostas ao sol e também 2 folhas sombreadas (camada mais profunda) que crescem em posições de altura semelhantes às dos espécimes de folhas colhidos para o potencial hídrico foliar. Outras manchas herbáceas são seleccionadas e em cada uma dessas manchas herbáceas nos locais de Mpala e Ilmotiok, 2-3 cachos herbáceos saudáveis são seleccionados aleatoriamente. Para cada cacho, 2 punhados de folhagem exposta ao sol são marcados como espécimes.

Para cada espécime, são efectuadas dez (10) leituras das trocas gasosas foliares utilizando o Photosynthetic System, de modo a permitir o cálculo de uma média por espécime. Estas medições são efectuadas a uma densidade de fluxo de fotões fotossintéticos (PPFD) saturante, entre as 11.00h e as 16.00h, alternando entre espécies para minimizar os efeitos da hora do dia. Além disso, as condutâncias estomáticas foliares são medidas utilizando o Leaf Porometer, visando espécimes foliares vizinhos dos marcados para a condutância estomática foliar. Durante o exercício de medição de um indivíduo alvo numa área de amostragem, a temperatura atmosférica (do ar) e o défice de saturação (indicador da humidade relativa) são também medidos com um higrómetro, enquanto as concentrações ambientais (ou atmosféricas) de CO_2 são determinadas esticando o sistema fotossintético e efectuando medições tanto no sub-dossel como ligeiramente acima do solo (cerca de 0,5 m acima do solo do dossel).

Essas medições são efectuadas primeiro durante a estação de crescimento e depois repetidas nos mesmos indivíduos amostrados no início da estação seca (fim da estação húmida), a meio da estação seca e também no fim da estação seca, pelo menos para as espécies de plantas lenhosas fotossinteticamente activas que ainda restam.

3.4.1.6 Medições do azoto total foliar e da massa específica das folhas

Para a determinação do teor de azoto total foliar e da massa específica foliar, são colhidas amostras de folhas (folhas maduras e sãs, correspondentes em altura e vizinhas das amostradas para as medições fisiológicas, ou seja, 2 expostas ao sol e 2 à sombra), colocadas num saco de polietileno e devidamente etiquetadas.

Uma vez no laboratório, 3 folhas expostas ao sol e 3 folhas sombreadas são analisadas quanto ao respetivo teor de azoto foliar total e é gerada uma média para o respetivo indivíduo amostrado. Do mesmo modo, as restantes 3 folhas expostas ao sol e as 3 folhas sombreadas são utilizadas para estimar o índice de área foliar e para gerar uma média para o respetivo indivíduo amostrado. As amostras de folhas são secas durante 48 horas até cerca de 70° C e a sua respectiva massa é estimada utilizando uma balança eletrónica. Estas medições são realizadas pela primeira vez durante a estação de crescimento e depois repetidas nos mesmos indivíduos amostrados no início da estação seca (fim da estação húmida) e durante o meio da estação seca.

3.4.1.7 Medições do fluxo de seiva em plantas lenhosas

Alguns indivíduos lenhosos maduros são seleccionados aleatoriamente nos sítios de Mpala e Ilmotiok e equipados com dendrómetro manual. Além disso, dois dos indivíduos estão equipados com um medidor de fluxo de seiva ligeiramente acima da altura do peito. Os medidores de fluxo de seiva estão ligados a um sistema de registo de dados para monitorização contínua da densidade do fluxo de seiva.

3.4.2 Descrição das medições à escala da parcela e/ou à escala do transecto

3.4.2.1 Conceção das parcelas de amostragem e das linhas de transecto

Nos sítios de Mpala e Ilmotiok, a variabilidade em larga escala dos factores edáficos - incluindo a densidade aparente, a densidade granulométrica, a estabilidade dos agregados do solo e a humidade antecedente do solo, entre outros - segue gradientes-chave organizados ao longo da catena do solo baseada na topografia, estruturas geológicas subjacentes, bem como a disposição espacial da vegetação. O agrupamento das medições dos atributos edáficos e da vegetação é fundamental para garantir que os modelos baseados em dados tenham em conta, de forma adequada, a variabilidade da paisagem, bem como os mecanismos ou processos subjacentes. As medições à escala das parcelas (ou à escala das parcelas) destes atributos, recolhidas ao longo de gradientes topográficos e / geológicos e em parcelas distintas, seriam adequadamente escalonadas utilizando técnicas de agregação apropriadas para inferir as características das respectivas zonas da paisagem.

Seguindo o amplo quadro de amostragem elaborado anteriormente, parcelas de amostragem em escala fina e linhas de transecto distribuídas sistematicamente em cada zona são usadas como técnicas de nidificação empregadas durante as campanhas de campo em 2016 e 2017. As linhas de transectos (cerca de 7 em Ilmotiok e 6 em Mpala) são orientadas perpendicularmente aos respectivos canais de riachos ou estruturas de drenagem hidrológica, espaçadas a um intervalo de 100 m e cada uma é definida por segmentos de 50m marcados com estacas e as suas respectivas coordenadas posicionais registadas usando receptores GPS (ver Fig. 4). Por outro lado, foram definidas várias parcelas de amostragem (29 em Ilmotiok, e 24 em Mpala) e as coordenadas dos seus respectivos centros foram registadas usando receptores GPS (ver Fig. 6). As parcelas de referência estão localizadas a cada 250m de intervalo ao longo da zona ribeirinha dos riachos/canais que drenam os respectivos locais. Cada parcela de referência dá origem a uma série de parcelas de amostragem espaçadas a um intervalo de 250 m e orientadas perpendicularmente à respectiva zona ribeirinha.

3.4.2.2 Medições aninhadas de variáveis ambientais/biofísicas em linhas de transecto

Em cada segmento das linhas de transecto, são efectuadas várias medições/observações, incluindo a determinação da distribuição das formas de vida da vegetação acima do solo; a recolha de amostras de solo para determinação da biomassa das raízes finas e das propriedades físicas do solo; e as características do escoamento superficial. Através da colocação de uma fita métrica ao longo de cada segmento, são medidas as distâncias correspondentes à ocorrência de diferentes formas de vida da vegetação (isto é, lenhosa, herbácea e superfície nua), bem como as distâncias correspondentes à ocorrência de características de escoamento superficial, acompanhadas de fotografias. Além disso, em cada segmento, o solo é amostrado em pontos propositadamente definidos que são caracterizados por formas de vida de vegetação dominantes. Em cada ponto, são escavadas 3 covas de amostragem de solo até 120 cm e com um intervalo de 10 cm, empregando o procedimento descrito por Wiser et al. (2002) e Che (2015). Estas amostras são analisadas em laboratório com o objetivo de determinar a textura do solo, a distribuição granulométrica e a distribuição da biomassa de raízes finas.

3.4.2.3 Medições aninhadas de variáveis ambientais/biofísicas em parcelas de amostragem

No que respeita à amostragem baseada em parcelas, são demarcadas parcelas concêntricas/circulares aninhadas a partir dos centros definidos para cada parcela de amostragem, como mostra a Fig. 5. Esta técnica permite a observação/medição de diversas variáveis seguindo o método empregue pelo Vital Signs Global Monitoring System (Scholes et al., 2013). É demarcado um quadrante interno quadrado de 0,5 m *0,5 m e com diagonais passando pelo centro principal. Nesta subparcela, conta-se o número de plântulas de plantas lenhosas e estima-se a percentagem de cobertura de vegetação herbácea (gramíneas ou forbes). É delimitada uma subparcela circular com 2 m de raio, na qual é registado o número de plântulas. Nesta subparcela, uma ou duas plântulas são seleccionadas aleatoriamente, marcadas e etiquetadas com tinta para monitorizar o crescimento incremental (incluindo a altura e o diâmetro num determinado ponto de medição) realizado anualmente.

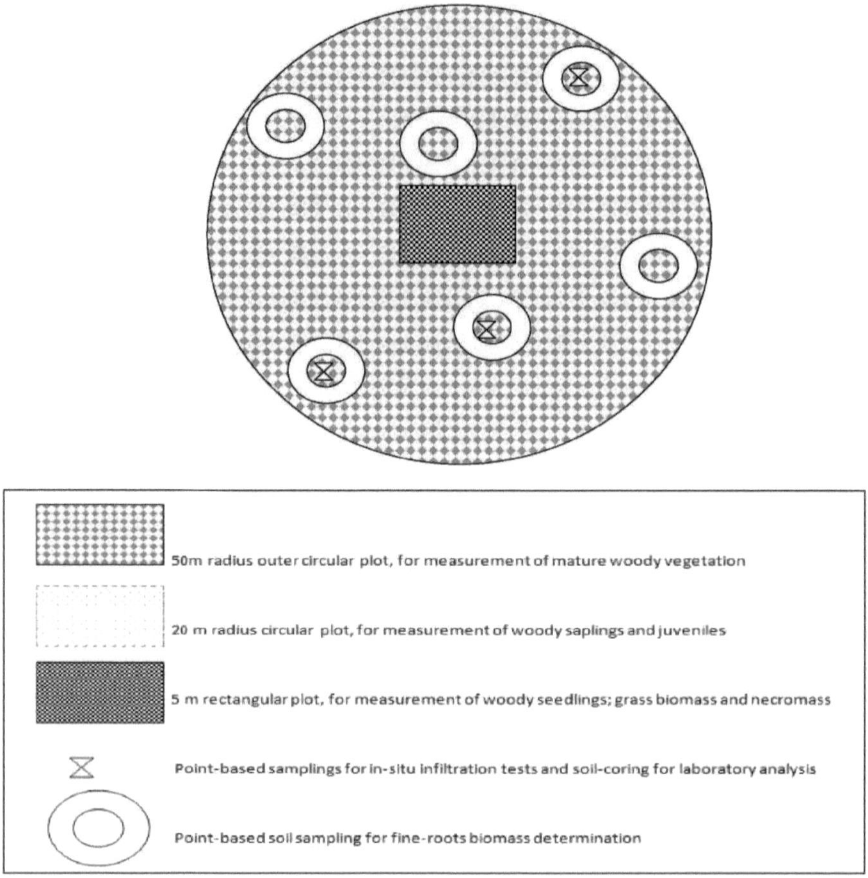

Figura 5: Técnica concêntrica/circular aninhada definida para cada parcela de amostragem

É delineada uma subparcela circular relativamente maior, com um raio de 10 m, na qual são efectuadas a identificação das espécies e a contagem das plantas lenhosas individuais e as medições dendrométricas associadas (diâmetro à altura do peito, altura e diâmetro da copa). Além disso, o solo é amostrado nesta subparcela de acordo com um protocolo que tem em conta a variabilidade espacial determinada pela distância dos respectivos furos de referência (ver pormenores na subsecção 3.3.1.3). É demarcada uma parcela circular exterior com 50 m de raio. Aqui, são propositadamente seleccionadas manchas com formas de vida vegetal e tipos de cobertura distintos (isto é, lenhosa, herbácea e superfície nua), sendo os respectivos testes de infiltração realizados com um infiltrómetro de mini-disco e a humidade do solo anterior medida com sondas de humidade do solo. A condutividade hidráulica do solo, as curvas de retenção de água e a capacidade de infiltração do solo são derivadas destas medições. Nas mesmas parcelas distintas, são utilizados amostradores de solo para extrair amostras de solo não perturbadas, analisadas em laboratório para determinar a densidade aparente e a porosidade do solo.

3.3.2.4 Medições de atributos climatológicos e/ou fenológicos

Uma série de atributos climatológicos e/ou fenológicos, como a radiação líquida, a radiação fotossinteticamente ativa (PAR) e a medida do verde baseada no índice de vegetação da diferença normalizada (NDVI), são convenientemente interpretados à escala da mancha. Estas medições à escala da mancha (ou à escala do ponto), recolhidas ao longo de gradientes topográficos, são fundamentais para quantificar o efeito da disposição espacial da vegetação. Em particular, estas medições ressoam com as propriedades biofísicas da vegetação e componentes da superfície dos locais de estudo, portanto qualificam-se como marcadores quantitativos e rastreadores destes componentes. No sítio de Mpala, onde estão disponíveis medições de fluxos de carbono e água em torres de fluxo, a trajetória dos fluxos à escala da paisagem encontraria uma interpretação biofísica com base nestas medições climatológicas/fenológicas à escala das manchas.

Em ambos os locais de Mpala e Ilmotiok, a dinâmica da humidade do solo até 100 cm e num intervalo de 10 cm ao longo da coluna do solo, bem como o índice de vegetação da diferença normalizada acima do solo (NDVI), a radiação fotossintética ativa (PAR) e a radiação líquida são monitorizados simultaneamente usando sensores automatizados (ligados a registadores de dados), guiados pelo procedimento descrito por Archer et al. (2002), Engel et al. (2002), Letts et al. (2010), Williams et al. (2001), Holdo e Mack (2014) e Holdo e Nippert (2015). Os sensores são distribuídos propositadamente entre os locais de amostragem descritos anteriormente, com o objetivo de garantir que estas variáveis sejam amostradas pelo menos entre as principais formas de vida vegetal ou tipos de cobertura de superfície (ou seja, mancha herbácea homogénea, tufo lenhoso denso, mancha lenhosa moderada e mancha nua) e espalhadas por Mpala e Ilmotiok. As réplicas destes tratamentos em função das características microtopográficas

As características do sistema são limitadas pela disponibilidade dos respectivos sensores e as localizações instaladas são marcadas com coordenadas GPS. As variáveis são medidas continuamente, com um intervalo de tempo de meia hora.

3.3.3 Descrição das medições à escala da encosta

3.3.3.1 Medições de atributos hidrológicos

A geração de escoamento superficial está a ser investigada nas zonas de encosta e de cabeceira dos locais de Mpala e Imotiok para compreender o efeito das propriedades do solo, declive, padrão de uso da terra e arranjo espacial de manchas vegetadas e nuas, bem como microtopografia associada ao regime de pastoreio, no controlo da magnitude e distribuição do escoamento superficial. As medições do escoamento superficial e da captação do escoamento superficial em manchas distintas e ao longo de gradientes topográficos são fundamentais para quantificar o efeito da disposição espacial da vegetação. O escalonamento destas medições, utilizando técnicas de agregação apropriadas, gerará conhecimentos valiosos sobre o impacto à escala da paisagem da perturbação ou da conservação exclusiva dos sítios de Mpala e Ilmotiok.

Foi construído um total de 24 parcelas de escoamento superficial (ver Fig. 4), seguindo a abordagem de Zhang et al. (2011), Franz et al. (2012), Schnabel e Gomez-Gutierrez (2013) e Weaver et al. (2013). Para a determinação das taxas de escoamento superficial e dos rácios entre o escoamento superficial e a precipitação em diferentes tipos de coberto, foram construídas 6 parcelas de escoamento superficial (de dimensões 4 m * 8 m) em cada um dos dois locais, instaladas sobre superfícies de terreno com formas de vida vegetal ou tipo de coberto superficial homogéneos e com significado (ver placa 5). Estas parcelas de escoamento superficial foram espalhadas pelas zonas de encosta e de cabeceira.

Para a determinação dos mecanismos de escoamento superficial característicos de tal composto de tipos de cobertura de superfície, foram instaladas em cada sítio 6 parcelas adicionais de escoamento superficial (de dimensões 8 m * 2 m) e espalhadas por um mosaico de duas formas de vida vegetal ou tipos de cobertura de superfície contrastantes (ver Placa 6). Foram também instalados pluviómetros nas proximidades das parcelas de escoamento para registar a quantidade de precipitação de cada chuva. Em cada uma das parcelas de escoamento, o escoamento superficial é drenado para um tanque amovível englobado num grande tanque enterrado no solo. Para as medições, o tanque amovível é esvaziado após cada tempestade e o escoamento correspondente é estimado com uma proveta.

Entre abril e junho de 2017, foram registadas várias medições de escoamento superficial nos locais de Mpala e Ilmotiok, correspondendo a eventos de precipitação importantes.

Placa 5: Parcela de escoamento superficial num local dominado por um tipo de cobertura superficial homogénea (superfície nua)

Placa 6: Parcela de escoamento dominada por dois tipos contrastantes de coberto superficial (nu a montante e coberto lenhoso a jusante)

3.3.2 Medições para avaliação do padrão à escala local da distribuição da vegetação e da associação de espécies

Na parte sul do Rancho de Mpala, o padrão de escala local da distribuição da vegetação e associação de espécies foi conduzido por cientistas da Smithsonian Institution (http://www.ctfs.si.edu/site/Mpala). Um estudo semelhante abrangendo a parte norte de Mpala é realizado com o objetivo de determinar as mesmas variáveis, bem como a composição das espécies e a caraterização das propriedades morfológicas em termos de medidas dendrométricas dos indivíduos. Durante as campanhas de campo, três quadros/parcelas de 1 hectare são localizados aleatoriamente nas zonas de planalto, cabeceira e encosta do rancho de Mpala. Em cada zona, a colocação dos blocos de amostragem é feita propositadamente para assegurar que o bloco capta a variabilidade dentro das respectivas zonas. As observações reais em cada bloco seguem o procedimento de Franz et al. (2012) e implicam o mapeamento num papel gráfico, a localização real de cada indivíduo de planta lenhosa, o registo da identidade da espécie correspondente e a medição das variáveis dendrométricas (ver Placa 7).

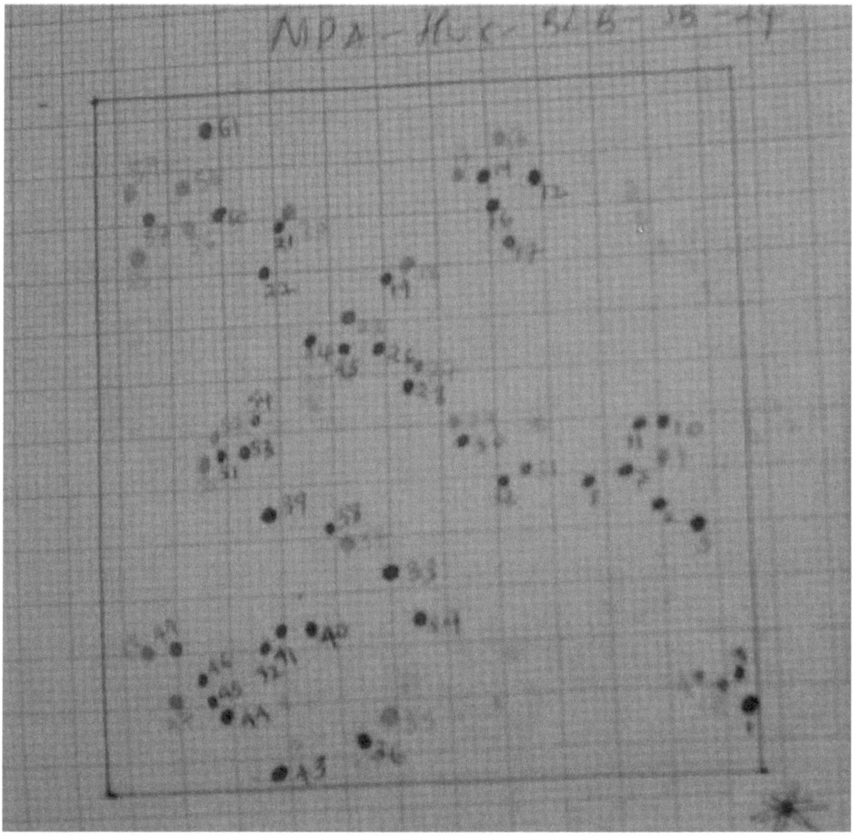

Placa 7: Localização geométrica da posição de cada planta lenhosa utilizando papel milimétrico

3.3.3 Descrição das medições à escala da paisagem

3.3.3.1 Medições de atributos climatológicos e hidrológicos

Em ambos os sítios de Mpala e Ilmotiok, houve um investimento substancial em sensores próximos para monitorizar variáveis climatológicas e hidrológicas à escala da paisagem. Estes incluem uma torre de fluxo totalmente operacional, uma rede de sensores de humidade e temperatura do solo e um açude na parte norte de Mpala. Uma vez que estas medições são contínuas, fornecem boas métricas para seguir a pegada temporal dos fluxos de carbono e água, e assinalar interrupções correspondentes a períodos (ou estações) em que os materiais subjacentes sofrem alterações espaciais ou fenológicas. A correspondência destas pegadas com gradientes associados a pressões antropogénicas fornece métricas quantitativas para comparar as condições da superfície terrestre entre os locais de Mpala e Ilmotiok à escala da paisagem.

Sobre a parte norte de Mpala, uma torre de fluxo ergue-se a 22 m acima do solo, gerida e mantida pelo Laboratório de Eco-hidrologia da Universidade de Princeton em colaboração com o Centro de Investigação de Mpala. A torre está equipada com sensores climatológicos para medição de variáveis meteorológicas, bem como monitorização contínua de fluxos de carbono e água ao nível do povoamento. A torre está localizada a jusante da sub-bacia alongada no local de Mpala (ver Placa 3) e integra potencialmente medições de fluxo à escala da paisagem ao longo de um fetch de cerca de 1 km^2 , embora temporalmente influenciado pela direção do vento. A torre funciona como uma estação de base, uma vez que os sensores estão ligados a um registador de dados equipado com tecnologia de Sistema Global de Comunicação Móvel (GSM) que ativa a ligação à Internet. A estação de base assegura que os dados são continuamente carregados para os servidores do escritório em tempo real. As medições da torre de fluxo integram as contribuições dos vários materiais espalhados pelo fetch da torre, reflectindo as respostas da superfície terrestre à escala da paisagem. Mais pormenores sobre a conceção, instrumentação e recolha de dados por estes sensores podem ser obtidos em www.princentonecohydrologylab.org.

Os processos hidrológicos reflectem fortemente o estado das condições biofísicas da superfície terrestre. Particularmente a divisão da precipitação em componentes constituintes como a infiltração, o escoamento superficial, o mecanismo de escoamento superficial e a descarga dos cursos de água, as suas trajectórias são largamente influenciadas pelas condições da superfície terrestre, incluindo a disposição espacial da vegetação e dos materiais de cobertura da superfície. A descarga do curso de água integra efetivamente as condições da superfície em toda a paisagem que está a ser drenada e qualifica-se como uma métrica útil para comparar o efeito das pressões antropogénicas entre os locais de Mpala e Ilmotiok. A medição da descarga ao longo de locais estratégicos dos cursos de água permite a comparação das condições de superfície à escala da paisagem, não obstante o facto de, nas pradarias arborizadas de Laikipia, os cursos de água de cabeceira serem normalmente episódicos e provavelmente só fluírem durante a estação húmida, após chuvas fortes.

Placa 8: Açude típico construído ao longo de um curso de água efémero que drena a sub-bacia de Ilmotiok

Em ambos os locais de Mpala e Ilmotiok, estas sub-bacias de estudo estão equipadas com açudes operacionais (Placa 8), cortesia do Laboratório de Eco-hidrologia da Universidade de Princeton e do Instituto de Investigação Florestal do Quénia, respetivamente. Os dois açudes foram projectados com dimensões comparáveis para permitir a comparação das descargas de escoamento superficial entre os locais de Mpala e Ilmotiok. Os dois açudes estão equipados com o OTT ECOLOG 500 (um sensor de profundidade e temperatura, até 40 metros), para registo contínuo da profundidade do curso de água a cada 5 minutos e utilizado para calcular a descarga a diferentes profundidades (utilizando o método do peixe grande) e subsequente derivação da equação da curva de classificação de acordo com a abordagem utilizada por Weaver et al. (2005) e Schnabel e Gomez-Gutierrez (2013).

3.3.3.2 Medições biofísicas a partir de dados de teledeteção

Os conjuntos de dados ópticos recentes (imagens Sentinel 2A e Landsat) serão descarregados dos sítios Web da ESA (Agência Espacial Europeia) e do USGS (Serviço Geológico dos Estados Unidos), respetivamente. A abordagem descrita por Sobrino et al., 2004 é seguida para o pré-processamento das imagens. Utilizando software de teledeteção, o pré-processamento das imagens implica o alinhamento das imagens entre si (co-registo), seguido da remoção de nuvens/sombras e do seu preenchimento. As imagens são então recalibradas de modo a que os números digitais recebam o seu valor energético real e sejam corrigidos radiometricamente. A correção atmosférica emprega os métodos de correção relativa, em que a imagem mais clara é assumida como "mestre" e as restantes como escravas, com o objetivo de normalizar as suas "atmosferas" no momento da aquisição da imagem. A imagem é então subconjunto para os limites da área de estudo, pronto para ser processado para produtos específicos. A classificação não supervisionada é primeiro efectuada sobre as imagens para gerar mapas preliminares da distribuição da vegetação lenhosa versus herbácea e da extensão dos locais com cobertura de superfície do solo perturbada. Para cada classe única do mapa, são gerados aleatoriamente pontos de rebentos, seguidos de trabalho de campo para verificar o tipo real de cobertura do solo ou o tipo funcional da planta para cada unidade de amostragem. Este exercício de verificação no terreno será efectuado durante o mesmo período em que são recolhidas outras medições in situ. Os dados de veracidade no terreno são utilizados para efetuar a classificação supervisionada da respectiva imagem, a fim de gerar um mapa final que delimite a distribuição da vegetação lenhosa e herbácea, bem como os locais com cobertura perturbada da superfície do solo.

Os fluxos de energia à superfície da terra (incluindo a fração evaporativa e a evapotranspiração) são quantificados utilizando algoritmos de balanço de energia como o Índice de Balanço de Energia à Superfície (SEBI) e o Índice de Balanço de Energia à Superfície Simplificado (S-SEBI), tal como descrito por Roerink et al. (2004).

Capítulo 4

4.0 Discussões

Os prados arborizados na Bacia Hidrográfica do Alto Ewaso Ngiro (UERB) são caracterizados por uma grande variabilidade no tamanho, forma e organização espacial dos padrões. Isto é semelhante aos Cerrados do Brasil que são conhecidos por exibirem uma variabilidade fisionómica pronunciada que vai desde prados abertos a bosques quase fechados (Ferreira et al., 2007). Nesses sistemas, o ambiente é espacialmente heterogéneo, manifestando-se em termos da estrutura e dos padrões de distribuição da vegetação (Caylor e Shugart, 2004; Caylor et al, 2005; Detto et al., 2013). No entanto, essa heterogeneidade varia ao longo de diferentes escalas espaciais (Phillips, 1988) e é acentuada pelos efeitos das actividades humanas. De facto, as paisagens de savana estão a ser cada vez mais perturbadas, sobretudo na África Subsariana (Bombelli et al., 2009). Na bacia hidrográfica do Alto Ewaso Ngiro (UERB), existe um gradiente de perturbação aparente que coloca os ranchos comerciais e comunitários em dois extremos. Os ranchos comerciais, como o Mpala, projectam uma aparência de sanidade, enquanto os ranchos de grupos comunitários, como o Ilmotiok, estão gravemente degradados. O sobrepastoreio é atribuído como o principal fator de degradação, estando associado à redução da cobertura herbácea e à disseminação de espécies invasoras não palatáveis (Franklin et al., 2011; Franklin et al., 2012). Presume-se que a alteração destas propriedades estruturais tenha um impacto negativo nos processos biofísicos, incluindo a partição da água da chuva (Shachak e Picket, 1997; Zhang et al., 1999; Urgeghe et al., 2010; Asbjornsen et al., 2011; Franz et al., 2012; Matheny et al., 2014), acabando por prejudicar a produtividade dos prados arborizados, muitas vezes com consequências ambientais e sociais negativas extensas (Yu et al., 2013). A insuficiência de informações sobre a degradação dos solos limita grandemente a previsão das alterações do uso dos solos e dos ciclos biogeoquímicos (Asner et al., 1998; Grote et al., 2009). A conceção deste estudo abrange deliberadamente dois locais de estudo (Mpala e Ilmotiok) que diferem muito no que diz respeito ao grau de interferência humana e espera-se, assim, colmatar a lacuna de conhecimento.

Um aspeto crítico da modelação dos fluxos de superfície é assegurar que a variabilidade da paisagem é suficientemente acomodada. Em particular, a localização das bases de amostragem em paisagens heterogéneas deve ter em conta a ampla variabilidade da distribuição da vegetação nas paisagens. De acordo com Bradford et al. (2005), é necessário distribuir as medições por todos os gradientes associados aos factores de variabilidade espacial ou, pelo menos, às principais fontes de variabilidade espacial. Neste estudo, a heterogeneidade de cada local de estudo foi abstraída com base em critérios biofísicos fundamentais, nomeadamente gradientes topográficos e de distribuição da vegetação, bem como processos hidrológicos na bacia hidrográfica. Esta abordagem está de acordo com o estudo de Puigdefabregas et al. (1999) no campo de Rambla Honda, no sul de Espanha. Utilizaram a catena do solo baseada na topografia e a distribuição da vegetação para conceber a orientação das unidades de amostragem e efectuaram várias medições, incluindo as propriedades do solo, a humidade do solo, o escoamento superficial e a produção de sedimentos e o balanço da biomassa vegetal. Indiscutivelmente, as estruturas topográficas, em virtude do seu controlo sobre as redes hidrológicas, podem geralmente ser utilizadas como proxies para inferir a variabilidade dos processos hidrológicos nas paisagens (Detto et al., 2013; McMillan e Srinivasan, 2015). Além disso, a variabilidade na topografia também está associada a alterações na força relativa dos mecanismos funcionais que controlam vários processos ecológicos.

A interpretação lógica das variáveis da paisagem implica observações a várias escalas. Na sua descrição dos Sistemas de Monitorização Global dos Sinais Vitais, Scholes et al. (2013) explicam a utilização de diferentes quadros de amostragem aplicáveis a diferentes níveis. Aconselham a utilização de quadros hierárquicos e (parcialmente) aninhados com base numa conceção híbrida ou composta, incluindo uma conceção aleatória, baseada em modelos, bem como uma conceção baseada em grelhas de sistemas. Isto é semelhante à construção teórica unificada defendida por Shachak e Picket (1997). O seu estudo no deserto do Negev (Israel) revelou a necessidade de considerar as várias componentes do sistema que explicariam as interacções na biosfera. Segundo estes autores, estas componentes são, em última análise, integradas num quadro concetual que fornece a base para a compreensão do comportamento dos sistemas em diferentes condições, bem como o conhecimento dos processos importantes que regem a estruturação e a regulação dos sistemas. Felizmente, registaram-se grandes avanços no que respeita às tecnologias que aumentam as possibilidades de integração de medições/observações em várias escalas (Asbjornsen et al., 2011). Cushman et al. (2009) citam várias técnicas de escalonamento, incluindo a agregação, a extrapolação por valor esperado e a calibração. No entanto, alertam para o facto de a maioria destas técnicas de agregação resultar na perda de informações sobre a estrutura e o funcionamento do sistema, mas que são importantes para a interpretação mecanicista das interacções dinâmicas no sistema. A abordagem de escalonamento ascendente, tal como avançada neste estudo, reconhece um "domínio de escalas" fundamental, mas ancorado em unidades de escala de rácio, a fim de permitir transições de relações entre escalas. Assim, para as várias medições ambientais/biofísicas, foram clarificadas as respectivas escalas de observação, incluindo a escala da folha e/ou da planta, a escala do ponto, a escala da parcela e/ou do transecto, a escala do declive e a escala da paisagem, enquanto as medições são efectuadas em unidades de escala de razão.

Várias medições efectuadas neste estudo podem ser classificadas como à escala da planta, embora, na realidade, algumas sejam feitas à escala da folha. Para efeitos práticos, estas medições têm de ser aumentadas para a escala da planta e, eventualmente, para a escala da paisagem. As medições à escala da folha importantes para este estudo incluem a fotossíntese e a transpiração, o potencial hídrico da folha, a medição do azoto total foliar e a área específica da folha. Para cada camada do dossel (r), a transpiração à escala da folha é dada como transferência de massa de vapor de água entre a folha e a atmosfera (Manoli et al., 2014). Por outro lado, a evolução das taxas fotossintéticas corresponde às taxas de assimilação de CO_2 , derivadas da flutuação na concentração de CO_2 do substrato alvo fechado, representada pela diferença entre a densidade do gás do ar que entra e do ar que sai das câmaras, medida usando o analisador LI-6262 CO_2/H_2 O (Li- Cor™ , Inc) (Eamus et al., 2001). O potencial hídrico pode fornecer estimativas fiáveis do stress hídrico das plantas e pode ser fácil e rapidamente medido no campo em termos de potencial hídrico foliar antes do amanhecer (⅛f_p d), potencial hídrico foliar diurno mínimo (⅞P_m ⅛) e potencial hídrico foliar diurno máximo (Δ^ = ϕpd,-φ_m *i^)'*, potencial do solo ($\phi_{3\alpha\iota}$ -j), e impacto do stress hídrico de indivíduos específicos de espécies alvo, expresso como uma forma integral do perfil diurno do potencial hídrico foliar (Vertovec et al., 2001).

As medições à escala da folha acima referidas são feitas tanto na estação seca como na estação húmida e tanto em Mpala como em Ilmotiok a fim de captar a variabilidade ao longo do gradiente de degradação, com o desenho de amostragem baseado na abordagem utilizada separadamente por Vertovec et al. (2001) e Eamus et al. (2001). Em Vertovec et al. (2001), estes parâmetros foram medidos em indivíduos seleccionados de três espécies dominantes em cada um de quatro locais ao longo de um gradiente de degradação. Williams e Albertson (2004) utilizaram procedimentos semelhantes para efetuar medições das trocas de CO_2 & H_2O à escala da folha (utilizando um analisador de gases portátil). Em Davis e Mooney (1986), foram recolhidas amostras de mais de oito réplicas para cada espécie e os respectivos potenciais hídricos da folha e do caule foram medidos antes da colheita, duas ou três vezes por mês, utilizando uma câmara de pressão e nitrogénio gasoso comprimido. Sabe-se que as condutâncias estomáticas são mais elevadas durante a estação húmida e mais baixas durante a estação seca (Vertovec et al., 2001; Eamus et al., 2001). Observam ainda que as aberturas estomáticas são mais abertas de manhã do que à tarde e que o padrão é largamente determinado pela flutuação do teor de humidade do solo e da atmosfera. Este padrão corresponde à evolução das taxas fotossintéticas, com altas taxas de assimilação de CO_2 ocorrendo entre 0900 e 1100 h (ibid). Tanto a transpiração como a fotossíntese apresentam uma elevada variabilidade temporal que segue um curso diurno e sazonal, dependendo da disponibilidade de humidade no solo e, durante a estação de crescimento, são responsáveis por mudanças rápidas nos fluxos de gases com efeito de estufa, bem como pela depleção do armazenamento interno de água (Galmes et al., 2012; Matheny et al., 2014). Como tal, a fotossíntese e a transpiração exercem um grande controlo sobre as respostas hidrológicas e os fluxos de carbono do sistema terrestre-atmosférico (Asbjornsen et al., 2011; Fitichi et al., 2012).

Para efeitos práticos, a fotossíntese e a transpiração à escala da folha são integradas à escala de plantas individuais (Manoli et al., 2014; Matheny et al., 2014). Em Williams e Albertson (2004), as observações à escala da folha foram escaladas à escala da copa através da multiplicação pelo índice de área foliar do respetivo tipo funcional de planta (PFT) e produziram boas correspondências entre as escalas da folha e da copa. No seu estudo, as medições à escala da folha e da copa foram utilizadas para investigar como a dinâmica da humidade do solo modificou as respostas das trocas gasosas ao VPD. A agregação destes fenómenos em muitas árvores/plantas, por exemplo, ao nível de uma parcela, traduzir-se-ia num grande volume diurno de transpiração e condutâncias estomáticas, que tomariam uma trajetória diferente em resposta a perturbações (Matheny et al., 2014). Em Williams e Albertson (2004), essa agregação à escala da parcela foi realizada pela cobertura fraccionada, indicando a abundância relativa de diferentes PFTs. Em Eamus et al. (2001), estes fluxos à escala das parcelas foram aumentados para a escala da paisagem, com base em estimativas de coberturas fraccionais dos respectivos substratos ou tipos de cobertura, determinadas através de métodos de interceção de linha. Neste estudo, as medições chave à escala de chumbo são escaladas sobre a paisagem (tanto em Mpala como em Ilmotiok) seguindo estas abordagens.

As medições do fluxo de seiva são realizadas à escala de uma única planta e podem servir como proxy para condutâncias estomáticas e seus respectivos perfis temporais também podem rastrear o padrão de fechamento estomático entre espécies de árvores e também entre tamanhos de árvores (Matheny et al., 2014). Neste estudo, o fluxo de seiva está a ser monitorizado continuamente para apenas dois indivíduos de plantas lenhosas que representam espécies que dominam os locais de Mpala e Ilmotiok. É notável que isso está longe de outros estudos, como Matheny et al. (2014), onde 84 árvores foram amostradas para medições de fluxo de seiva. Além disso, devido à disponibilidade limitada de sensores de fluxo de seiva, um único indivíduo está a ser monitorizado por apenas um sensor neste estudo, ao contrário do procedimento defendido por Asbjornsen et al. (2011). Estes autores salientam a necessidade de ter em conta a variabilidade radial do alburno, o que implica a utilização de medições de múltiplos pontos da velocidade da seiva ao longo do alburno para permitir o ajuste de funções polinomiais para integração em toda a profundidade do alburno. As medições do fluxo de seiva em várias árvores individuais podem ser integradas com o consumo de água ao nível do povoamento com base na utilização de escalares biométricos, na monitorização hidrometeorológica e na modelização (Asbjornsen et al., 2011). As medições do fluxo de seiva podem também ser escaladas ao nível da parcela e avaliadas em relação ao fluxo de calor latente estimado a partir do sistema de covariância de Foucault centrado na parcela (Matheny et al., 2014). Reconhecemos que o nosso projeto de amostragem do fluxo de seiva não se coaduna com os protocolos de escala defendidos pelos estudos acima referidos. Neste estudo, o escalonamento segue uma abordagem diferente, em que os valores medidos do fluxo de seiva são assumidos como representativos de todas as plantas lenhosas, particularmente das duas espécies dominantes.

Para além das medições à escala da folha e da planta, foram observados vários atributos à escala pontual neste estudo, incluindo a infiltração de humidade no solo, o teor de humidade e a temperatura do solo e a distribuição da biomassa das raízes finas. Assume-se que a ampla variabilidade espacial das propriedades do solo (i.e., tipo de solo) dita a heterogeneidade em larga escala destas variáveis. Igualmente importante, a heterogeneidade espacial e temporal da vegetação, bem como a distribuição de factores biofísicos, como a textura e a profundidade do solo, a paisagem e os factores topográficos (ângulo de inclinação, presença/ausência de elementos obstrutivos, por exemplo, rochas ou pedras) propagam a variabilidade dos sistemas radiculares e influenciam os processos hidrológicos na paisagem (Espeleta e Clark, 2007; Raz-Yaseef et al., 2013; Mao et al., 2015). A vegetação, em particular, aumenta a rugosidade da superfície e os poros do solo, afectando assim positivamente os processos de infiltração (Eshghizadeh et al., 2016). Por outro lado, a variabilidade em pequena escala é geralmente regida pela configuração proximal da vegetação e dos seus componentes de biomassa, implicando uma heterogeneidade de ponto para ponto que corresponde ao grau de variação da vegetação. Em particular, a diversidade de espécies, as características das plantas e as interacções de diferentes formas de vida, diferentes coortes etárias e a configuração espacial são factores-chave que agravam ainda mais a distribuição da biomassa das raízes heterogéneas (Hruska et al., 1999; Mao et al., 2015). É notável que, embora a biomassa das raízes finas seja uma função da distância ao tronco da árvore numa floresta fechada, essa relação pode não apresentar uma correlação forte devido à natureza sobreposta dos sistemas radiculares associados a diferentes indivíduos (Olsthoorn et al., 1999; Caylor et al., 2006). Um estudo separado efectuado por Hardiman et al. (não publicado) também revelou a dependência da escala espacial da avaliação da biomassa das raízes no que diz respeito à correspondência ou coerência entre a estrutura das raízes e da copa das árvores. O seu estudo indicou a existência de um limiar em termos de escala espacial, abaixo do qual as medições da biomassa das raízes extraídas sob pequenas clareiras (< $2m^2$) em comparação com as extraídas sob copas intactas projectam uma diferença mínima. A partir destes estudos, é óbvio que o padrão horizontal de biomassa/densidade de raízes finas influencia fortemente os métodos de amostragem (Olsthoorn et al., 1999), especialmente no que diz respeito à conceção de pontos de amostragem de raízes que tenham em conta a variabilidade da paisagem e os factores topográficos, bem como a densidade e as distâncias entre indivíduos vizinhos na paisagem. Aparentemente, factores semelhantes influenciam a infiltração, a condutividade hidráulica do solo e a dinâmica da humidade do solo. Por exemplo, a dinâmica da humidade do solo num ponto é regida pelo número de sistemas de raízes que se intersectam e pela sobreposição de copas de uma estrutura de vegetação irregular associada à configuração de árvores individuais em ambientes semi-áridos (Caylor et al., 2006). Segundo eles, o balanço hídrico do solo num ponto é influenciado pela densidade de sistemas radiculares que se intersectam e pela sobreposição de copas acima do solo. Estudos separados de Ludwig et al. (2004) e Wang et al. (2009) sobre as savanas africanas também revelaram que a humidade do solo flutua mais intensamente em locais situados longe do que sob as copas das árvores. De um modo geral, os principais factores determinantes destes processos incluem o aumento da matéria orgânica, a atividade das raízes, a melhoria das propriedades físicas do solo, o inchamento-secagem dos solos, a lavagem dos sedimentos, o impacto da modificação humana da superfície do solo e a rugosidade e inclinação da superfície (Dingman, 2002; Asbjornsen et al., 2011). O presente estudo teve em conta estas complexidades, em que todo o espetro da variabilidade em larga escala é captado em termos de orientação das parcelas de amostragem e dos linetransectos e da clarificação das formas de vida dominantes e do tamanho associado. A variabilidade de escala fina é acomodada pela dispersão dos poços de amostragem com a distância dos respectivos furos de referência. Para uma determinada mancha de copa, o desenho da amostragem visa três zonas possíveis no que diz respeito à distribuição de raízes finas, infiltração, condutividade hidráulica do solo e dinâmica da humidade do solo. Estas incluem zonas não invadidas por sistemas radiculares de indivíduos lenhosos, zonas invadidas com sistemas radiculares sobrepostos ou intersectados, e zonas invadidas com sistemas radiculares não sobrepostos ou não intersectados. As observações a esta escala permitirão a análise de perfis pontuais para compreender a distribuição da densidade das raízes ao longo das camadas vadosas e em relação à distância das árvores, à associação das copas, à distribuição dos principais nutrientes do solo, ao pH do solo, à profundidade do solo, ao nível de meteorização do solo e à rocha-mãe. Uma análise mais aprofundada permitirá determinar se existe ou não uma variabilidade significativa na distribuição da densidade radicular ao longo da paisagem relativamente à variabilidade na configuração da vegetação lenhosa, bem como à variabilidade na microtopografia.

Os estudos à escala das parcelas também geram conhecimentos importantes sobre o escoamento superficial, a perda de solo e o efeito da vegetação nos processos de redistribuição do escoamento superficial (*Eshghizadeh* et al., 2016). Do mesmo modo, neste estudo, estão a ser investigadas medições à escala das parcelas com o objetivo de compreender a dinâmica da partição da água da chuva nos locais de Mpala e Ilmotiok. Estas medições também irão gerar conhecimentos sobre a propagação do escoamento superficial na encosta.

É notável que, à escala da mancha ou da parcela, estejam em jogo vários factores de controlo, incluindo a variabilidade temporal da precipitação, o ângulo e o comprimento do declive, bem como factores morfológicos das plantas que determinam o seu sucesso na retenção de águas superficiais e sedimentos (Puigdefabregas et al., 1999; Lanni et al., 2011). A vegetação, em particular, afecta a partição da água da chuva, a variabilidade espácio-temporal da redistribuição da água e a produtividade das plantas (Asbjornsen et al., 2011). Por um lado, as manchas nuas intercanópias geram o maior escoamento superficial, que aumenta à medida que estas manchas se tornam interligadas, enquanto, por outro lado, as copas lenhosas e as manchas herbáceas intercanópias servem de sumidouros para captar o escoamento superficial, os nutrientes e os sedimentos que lhes são redistribuídos a partir das manchas nuas (Puigdefabregas et al., 1999; Urgeghe et al., 2010; Yu et al., 2013). E embora os diferentes materiais de cobertura vegetal variem na sua capacidade de reter e capturar o escoamento superficial e os sedimentos, a redução da cobertura vegetal resultaria geralmente na redução do escoamento superficial e, por conseguinte, produziria maiores quantidades de escoamento superficial à escala da encosta (Yu et al., 2013). À escala das parcelas, espera-se que estas retroacções gerem propriedades emergentes que demonstrem a relação entre o padrão espacial da vegetação e as variáveis topográficas que regem a intensidade do escoamento superficial e a transferência de sedimentos (Puigdefabregas et al., 1999). De facto, os estudos à escala das parcelas sempre geraram conhecimentos importantes sobre o escoamento superficial, a perda de solo e o efeito da vegetação nos processos de redistribuição do escoamento superficial (*Eshghizadeh* et al., 2016). No seu estudo sobre a geração de escoamento superficial e a sedimentação numa região semiárida do Irão, por exemplo, Eshghizadeh et al., 2016 utilizaram parcelas de escoamento superficial com 22,1 m*1,8 m, distribuídas por três locais que diferiam em termos de gradiente de declive. Da mesma forma, neste estudo, estão a ser investigadas medições à escala das parcelas com o objetivo de compreender a dinâmica da partição da água da chuva nos locais de Mpala e Ilmotiok. Estas medições também irão gerar conhecimentos sobre a propagação do escoamento superficial na encosta. As parcelas de escoamento são propositadamente orientadas ao longo de gradientes topográficos e de vegetação nas zonas de cabeceira e de encosta dos dois locais de estudo. Esta conceção é comparável aos trabalhos de Franz et al. (2011) e Franz et al. (2012). Nos seus dois estudos separados, a avaliação foi efectuada em três (3) tipos distintos de coberturas/manchas (nuas, herbáceas e arbóreas - *Acacia tortilis* misturada com erva), cada mancha com um raio de 30 m e localizada a meio da encosta de uma sub-bacia selecionada arbitrariamente. Para cada tipo de cobertura, foram construídas parcelas de escoamento com 4 m*4 m e, uma vez que as medições se situam em escalas de alcance semelhantes, oferecem oportunidades comparáveis para este estudo.

Os estudos à escala de parcela da descarga do escoamento superficial geram uma visão sobre as interacções e feedbacks acima referidos e o papel dos materiais de cobertura da superfície nos locais de Mpala e Ilmotiok. No entanto, sabe-se que estas interacções e retroacções podem influenciar grandemente os caminhos do fluxo hidrológico e as respostas do fluxo de água, tornando-se pronunciadas à escala da encosta. A variabilidade projectada pela configuração espacial das plantas em termos de influência na partição da água da chuva em virtude da obstrução do escoamento superficial (Franz et al., 2011; Yu et al., 2013) é mais evidente à escala da encosta. Do mesmo modo, a influência nos processos hidrológicos (incluindo a taxa de geração de escoamento superficial e de infiltração) das características específicas das tempestades (incluindo a distribuição temporal das intensidades da precipitação), da distribuição da vegetação, da topografia (incluindo a inclinação e o aspeto) e das características do solo é mais pronunciada à escala da encosta (Puigdefabregas et al., 1999; Zhang et al., 1999; Eshghizadeh et al., 2016). De facto, a resposta dos processos hidrológicos da bacia hidrográfica à alteração destas propriedades da superfície torna-se óbvia à escala da encosta (Zhang et al., 1999). Infelizmente, Yu et al. (2013) referem que a maioria dos modelos avalia o efeito das condições da paisagem no fluxo de massa com base na descarga integrada na saída, sem necessariamente resolver os mecanismos subjacentes associados aos padrões espaciais dos factores da paisagem, como a distribuição da vegetação. De acordo com eles, tais abordagens não conseguem explicar as causas subjacentes distribuídas espacialmente que alteram os fluxos de massa com base no comportamento do processo. A resolução deste desafio nos sítios de Mpala e Ilmotiok implica a necessidade de integrar as medições à escala da parcela da descarga do escoamento superficial de uma forma semelhante à implementada por Franz et al. (2011) e Franz et al. (2012). Os primeiros combinaram estudos à escala das parcelas e uma abordagem de modelação numérica para quantificar a redistribuição vertical e horizontal da água na subsuperfície, pelo menos em áreas infestadas com *S. volkensii* no Nolkopin Group Ranch no Quénia Central, onde os mecanismos de escoamento e escorrimento superficial foram mais pronunciados. Franz et al. (2012) efectuaram um estudo semelhante no Koija Group Ranch com o objetivo de quantificar o escoamento superficial. Ao avaliar este fenómeno no Koija Group Ranch, utilizaram um método baseado em regras, assente numa abordagem de sistemas adaptativos complexos, para gerar um padrão de escoamento básico, principalmente devido à impraticabilidade de resolver caminhos de escoamento individuais em escalas espaciais amplas. Espera-se que esta integração das medições à escala das parcelas com as medições à escala dos declives permita obter uma imagem mais clara do impacto das pressões antropogénicas nos processos hidrológicos das bacias hidrográficas.

Para efeitos práticos, o sistema de observação dos fluxos de carbono e água previsto para a Bacia Hidrográfica do Alto Ewaso Ngiro (UENRB) produziria potencialmente métricas quantitativas para comparar sistemas degradados (por exemplo, o sítio de Ilmotiok) com sistemas conservados (por exemplo, o sítio de Mpala). A obtenção de estimativas a uma tal escala deve ter em conta o efeito da heterogeneidade que emana dos vários tipos funcionais de plantas (PFTs) que coexistem em paisagens de savana arborizada como a UENRB. De facto, a abundância relativa dos principais PFTs influencia os padrões de trocas entre a superfície terrestre e a atmosfera (Asner et al., 1998). As estimativas de fluxo baseadas em estações de superfície integram a contribuição dos diferentes elementos ou tipos de vegetação (Gerbig et al., 2009; Daly et al., 2000; Grote et al., 2011; Mihailovic et al., 2012). Algumas variáveis ou atributos, como os dados de covariância de Foucault medidos por meio de torres de fluxo, estão associados a uma possível extinção ou diminuição da concentração dos fluxos observados com a distância dos locais de medição (torres), dependendo da natureza dos sumidouros/fontes proximais (Gerbig et al., 2009). A estimativa dos fluxos de superfície à escala da paisagem exige um quadro de escala capaz de integrar com precisão as medições de níveis/escalas inferiores. Em Eamus et al. (2001), os fluxos à escala das parcelas foram aumentados para a escala da paisagem, com base em estimativas de coberturas fraccionais dos respectivos substratos ou tipos de cobertura. As estimativas dos fluxos à média espacial foram obtidas combinando as coberturas fraccionais com as estimativas dos fluxos à escala das parcelas. Em Moorcroft et al., (2001), a sua avaliação dos fluxos à escala global utilizando um modelo de lacuna - Modelo de Demografia do Ecossistema (ED) - que foi parametrizado na América do Sul, começou por derivar estimativas sobre grelhas de 15 m *15 m utilizando equações que representam os processos de escala fina. As estimativas foram então utilizadas para derivar características médias do ecossistema em grades equivalentes a 1^0 resoluções espaciais baseadas na aproximação estruturada por tamanho e idade (SAS) dentro de *sistemas de equações diferenciais parciais* (PDEs). Ao nível do SAS, o modelo assume a homogeneidade das variáveis abióticas ao nível da grelha. Em Beringer et al. (2011), foi empregue uma abordagem de integração hierárquica que demonstrou com êxito a utilidade da abordagem *descendente* baseada na deteção remota para escalar as estimativas de fluxos a escalas espaciais alargadas. A conceção deste estudo oferece grandes oportunidades para explorar melhor a abordagem de integração descendente utilizando a abordagem de deteção remota, bem como *a abordagem ascendente* baseada na modelização de processos que, de outro modo, permitiria uma melhor compreensão das reacções e respostas interactivas.

Capítulo 5

5.0 Conclusões

Este estudo complementa um projeto de investigação multidisciplinar e multi-institucional intitulado "Using integrated modelling framework to evaluate the impact of human-induced land use/land cover change on carbon dynamics in Upper Ewaso Ngiro River Basin, Kenya". Este projeto está a ser implementado na bacia hidrográfica do Alto Ewaso Ngiro, no centro do Quénia, prevendo um sistema operacional de observação dos fluxos de carbono e água na região. O sistema de observação tem em conta o gradiente de perturbação na região, com os dois locais de estudo (Mpala e Ilmotiok) a diferirem em termos de (i) o efeito do pisoteio espacialmente variável e outros efeitos de pastores/arbustos, e (ii) o efeito da configuração espacialmente variável da vegetação lenhosa versus herbácea. O estudo centra-se, por conseguinte, na compreensão dos efeitos destas pressões antropogénicas proximais nos processos hidrológicos, microclimatológicos e ecológicos e, em última análise, nos seus impactos no balanço do carbono e da água nos prados arborizados.

No contexto da heterogeneidade espacial e temporal que caracteriza a região, os dois locais de estudo são abstraídos ao longo de gradientes de topografia e distribuição da vegetação. O estudo avançou, por conseguinte, com uma conceção de amostragem em parcelas divididas, reconhecendo as diferentes formações topográficas, incluindo cabeceiras, planaltos, encostas e zonas ribeirinhas, bem como os tipos predominantes de vegetação/cobertura superficial (incluindo manchas lenhosas, herbáceas e nuas) como tratamentos pseudo-experimentais. No entanto, a dependência da escala das propriedades da superfície terrestre e dos processos biofísicos é proeminente nos sítios de Mpala e Ilmotiok e representa um grande desafio no que diz respeito às suas medições. Por conseguinte, a abordagem multi-escala foi empregue durante as campanhas de campo intensivas com o objetivo de tornar a escala de medição adequada, apoiando simultaneamente a transferência de informações entre escalas. As medições são organizadas como experiências únicas ao longo de níveis hierárquicos chave, incluindo a escala da folha à escala da planta, a escala da parcela ou da mancha, a escala da encosta e a paisagem. Dentro de cada escala/nível, a variabilidade é representada através da orientação e/ou distribuição da unidade de amostragem, enquanto as medições utilizam unidades de escala de rácio para permitir a análise multi-escala.

Em geral, a conceção utilizada neste estudo está configurada para complementar adequadamente a escala "ascendente", permitindo assim potencialmente a transição entre escalas/níveis. As principais características da conceção das observações in situ, incluindo a estratificação de cada um dos dois locais de estudo em função de factores biofísicos fundamentais, a definição clara da escala de medição e a orientação ou dispersão de cada atributo-alvo, apoiam adequadamente a agregação e/ou desagregação dos respectivos valores para escalas mais amplas e vice-versa. Conceptualmente, este quadro de escala "ascendente" permitiria potencialmente a transferência de informação da escala fina (por exemplo, à escala da folha ou da planta) para a escala da parcela ou da mancha, para o nível da zona e, eventualmente, para a escala da paisagem. O sucesso do sistema de observação operacional previsto para os fluxos de carbono e água nos prados arborizados é sustentado por uma abordagem de escala adequada, o que explica a necessidade prática de conceber corretamente as observações in-situ neste estudo.

Reconhecimento

Este estudo foi realizado como parte de um projeto multi-institucional e multidisciplinar que foi apoiado financeiramente pela USAID através do Programa PEER administrado pelas Academias Nacionais de Ciências, EUA, ao abrigo do Acordo de Carta de Subvenção NAS n.º 2000006258 e do Número de Subvenção do Patrocinador: AID-OAA-A-II-00012. Estamos também gratos ao Governo da Austrália por fornecer apoio educacional ao autor correspondente, através do Programa de Bolsas de Estudo SLEEK através do Governo do Quénia. Reconhecemos também o apoio do Instituto de Investigação Florestal do Quénia, da Universidade de Nairobi (UoN), do Centro de Formação e Investigação Integradas em Desenvolvimento ASAL (CETRAD) e do Centro de Investigação de Mpala (MRC).

Referências

Adams, H.D., Williams, A.P., Xu, C., Rauscher, S.A., Jiang, X. e McDowell, N.G. (2013). *Abordagens empíricas e baseadas em processos para modelos de mortalidade florestal induzida pelo clima*. Fronteiras em Fitotecnia/Ecologia Funcional de Plantas, 13 de novembro de 2013.

Alfieri, J. G., Niyogi, D., Zhang, H., LeMone, M. A. e Chen, F. (2009). Quantificando a variabilidade espacial dos fluxos de superfície usando dados do Projeto H20 Internacional de 2002, Meteorologia de camada limite, 133: 323-341, DOI 10.1007/s10546-009-9406-2

Archer, N., Hess, T. e Quinton, J. (2002). The water balance of two semi-arid shrubs on abandoned land in South-Eastern Spain after cold season rainfall, Hydrology and Earth System Sciences, 6(5), *913926 (2002)*

Asbjornsen, H., Goldsmith, G.R., Alvarado-Barrientos, M.S., Rebel, K., van Osch, F.P., Rietkerk, M., Chen, J., Gotsch, S., Tobo'n, C., Geissert, D.R., Go'mez-Tagle, A., Vache, K. e Dawson, T.E. (2011). Avanços ecohidrológicos e aplicações na pesquisa das relações planta-água: uma revisão, Journal of Plant Ecology, Vol. 4, No. 1-2, pp. 3-22 de março de 2011 doi: 10.1093/jpe/rtr005

Asner, G. P.; Bateson, C. A.; Privette, J. L.; El Saleous, N., e Wessman, C. A., (1998). Estimativa dos efeitos estruturais da vegetação na absorção de carbono utilizando a fusão de dados de satélite e a modelação inversa, Journal Of Geophysical Research, Vol. 103, NO. D22, PAGES 28,839-28,853, NOVEMBER 27,1998

Agostinho, D. J. (2003). Spatial heterogeneity in the herbaceous layer of a semi-arid savanna Ecosystem, Plant Ecology, 167:319-332

Bengough, A., Castrignano, A., Pages, L., e van Noordwijk, M. (2000). Estratégias de Amostragem, Escalonamento e Estatística em: Smit, A.I. et al. (Eds.), Roots Methods, Springer-Verlag Berlin Heidelberg

Beringer, J., Hutley, L.B., Hacker, J.M., Neininger, B. e U, K.T.P. (2011). Patterns and processes of carbon, water and energy cycles across northern Australian landscapes: From point to region, Agricultural and Forest Meteorology, 151, pp 1409-1416

Bolker, B. M. e S. W. Pacala (1999). Equações de momento espacial para competição de plantas: Compreender as estratégias espaciais e as vantagens da dispersão curta. *American Naturalist* 153(6): 575-602.

Bombelli, A., Henry, M., Castaldi, S., Adu-Bredu, S., Arneth, A., de Grandcourt, A., Grieco, E., Kutsch, W. L., Lehsten, V., Rasile, A., Reichstein, M., Tansey, K., Weber, U., e Valentini, R. (2009). An outlook on the Sub-Saharan Africa carbon balance, Biogeosciences, 6, 2193-2205, 2009

Bradford, J. B., Weishampel, P., Smith, M., Kolka, R., Hollinger, D. Y., Birdsey, R. A., Ollinger, S. e Ryan, M. (2008). Estratégia de amostragem de carbono à escala da paisagem - lições aprendidas Capítulo 17. In: Hoover, Coeli M., ed. Medições de campo para a monitorização do carbono florestal: Uma abordagem à escala da paisagem. Nova Iorque, NY: Springer Science + Business Media: 227-238.

Breshears, D.D. e F.J. Barnes (1999). Inter-relações entre tipos funcionais de plantas e heterogeneidade da humidade do solo para paisagens semiáridas dentro do continuum prado/floresta: um modelo concetual unificado. *Landscape Ecology* 14:465-478

Debra P. C. Peters, Brandon T. Bestelmeyer e Monica G. Turner (2007). Interacções entre Escalas e Mudança das Relações Padrão-Processo: Consequências para a dinâmica do sistema, Ecossistemas (2007) 10: 790-796, DOI: 10.1007/s10021-007-9055-6

Caylor, K.K., Scanlon, T.M., Rodriguez-Iturbe, I (2007). Ecohydrological optimization of pattern and processes in water-limited ecosystems, Water and the Environment, Academia Pontifícia das Ciências, Scripta Varia 108, Cidade do Vaticano 2007

Caylor, K.K. e Shugart, H.H. (2004). Simulated productivity of heterogeneous patches in Southern African savanna landscapes using a canopy productivity model, *Landscape Ecology* 19: 401-415, 2004.

Caylor, K.K. e Shugart, H.H.. Pattern and Processes in Savanna, em Dryland EcoHydrology

Caylor, K.K., Shugart, H.H., Dowty, P.R. & Smith, T.M. (2003). Espaçamento entre árvores ao longo do transecto do Kalahari em
África Austral, *Journal of Arid Environments* (2003) 54: 281-296, doi:10.1006/jare.2002.1090

Cushman, S.A., Littell, J., e McGarigal, K. (2009). Capítulo 3 The Problem of Ecological Scaling in Spatially Complex, Nonequilibrium Ecological Systems, em F. Huettmann e S.A. Cushman (eds.), *Spatial Complexity,* 43 *Informatics, and Wildlife Conservation,* DOI 10.1007/978-4-431-87771-4_3, © Springer 2009

Daly, C., Bachelet, D., Lenihan, J.M., Neilson, R.P., Parton, W., e Ojima, D. (2000). Dynamic simulation of tree-grass interactions for global change studies, *Ecological Applications,* 10(2), 2000, pp. 449- 469

Davis, K.J. (2008). Integrando Medições de Campo com Torre de Fluxo e Dados de Sensoriamento Remoto, em: Field Measurements for Carbon Monitoring, editado por Hoover, C.M. , Springer Science +Business Media B.V., 2008:227-238

Davis, S.D. e Mooney, H.A. (1986). Water use patterns of four co-occurring chaparral shrubs, Oecologia (Berlin) 70: 172-177

Dekker, S. C., Rietkerk, M. e Bierkens, M. F. P. (2007). Acoplamento de água de vegetação-solo em microescala e feedbacks de precipitação de vegetação em macroescala em ecossistemas semiáridos Biologia de Mudanças Globais (2007) 13, 671-678, doi: 10.1111/j.1365-2486.2007.01327.x

Detto M., Muller-Landau H. C., Mascaro J., Asner G.P. (2013) Redes Hidrológicas e Variação Topográfica Associada como Modelos para a Organização Espacial da Vegetação de Florestas Tropicais. PLoS ONE 8(10): e76296. doi:10.1371/journal.pone.0076296

Dingman, S. L. (2002). Physical Hydrology (2nd edition), Waveland Press, Inc. 4180 IL Route 83, Suite 101, Long Grove, IL 60047-9580, EUA

Domingo, F., Serrano-Ortiz, P., Were, A., Villagarcia, L., Garcia, M., Ramirez, D.A., Kowalski, A.S., Moro, M.J., Reya, A., e Oyonarte, C. (2011). Troca de carbono e água em ecossistemas semiáridos no sudeste de Espanha, Journal of Arid Environments 75 (2011) 1271e1281

Eamus, D., Hutley, L. B. e O'grady, A. P. (2001). Padrões diários e sazonais dos fluxos de carbono e água numa savana do norte da Austrália, Tree Physiology 21, 977-988

Engel, V.C., Stieglitz, M., Williams, M., Griffin, K.L. (2002). Propriedades hidráulicas do dossel florestal e balanço hídrico da bacia hidrográfica: observações e modelação, Ecological Modelling 154, 263-288

Eshghizadeh, M., Talebi, A., Dastorani, M.T. e Azimzadeh, H.R. (2016). Efeito das coberturas naturais do solo no escoamento superficial e na perda de solo à escala da encosta, Global J. Environ. Sci. Manage., 2(2): 125-134, DOI: 10.7508/gjesm.2016.02.003

Espeleta, J. F. e Clark, D. A. (2007). Multi-scale variation in fine-root biomass in a tropical rain forest: A seven-year study, Ecological Monographs, 77(3), 2007, pp. 377-404

Ferreira, J. N., Bustamante, M, Garcia-Montiel, D.C., Caylor, K.K., e Davidson, E.A. (2007). Variação espacial na estrutura da vegetação acoplada à água disponível da planta determinada pelo perfil bidimensional de resistividade do solo em uma savana brasileira, Oecologia, Ecologia Comunitária, DOI 10.1007/s00442-007- 0747-6

Fatichi, S., Ivanov, V.Y., e Caporali, E. (2012). Um modelo ecohidrológico mecanicista para investigar interacções complexas em ambientes controlados por água fria e quente: 1. Quadro teórico e análise à escala da parcela, J. Adv. Model. Earth Syst., 4, M05002, doi:10.1029/2011MS000086.

Franz, T. E., Caylor, K. K., King, E. G., Nordbotten, J. M., Celia, M. A. e Rodriguez-Iturbe, I. (2012). Uma abordagem eco-hidrológica para prever padrões de vegetação em escala de encostas em ecossistemas de terras secas, Pesquisa de Recursos Hídricos, 48

Franz, T. E., King, E. G., Caylor, K. K. e Robinson, D. A. (2011). Acoplamento dos padrões de organização da vegetação à heterogeneidade dos recursos do solo numa terra seca do Quénia central utilizando imagens geofísicas, Water Resources Research, 47

Galmes, J., Flexas, J., Medrano, H., Niinemets, U., e Valladares, F. (2012). Ecofisiologia da fotossíntese em ambientes semi-áridos, em Fotossíntese terrestre em um ambiente em mudança: A Molecular, Physiological and Ecological Approach, ed. J. Flexas, F.Loreto e H. Medrano. Publicado pela Cambridge University Press, 2012, pp 448-464

Gerbig, C., Dolman, A. J. e Heimann, M. (2009). On observational and modelling strategies targeted at regional carbon exchange over continents, Biogeosciences, 6: 1949-1959

Grote, R., Korhonen, J. e Mammarella, I. (2011). Challenges for evaluating process-based models of gas exchange at forest sites with fetches of various species, Forest Systems 2011 20(3), 389-406, doi: http://dx.doi.org/10.5424/fs/20112003-11084, ISSN: 1131-7965, eISSN: 2171-9845

Grote, R. , Lehmann, E., Brummer, C., Bruggemann, N., Szarzynski, J., Kunstmann, H. (2009). Modelação e observação das interacções biosfera-atmosfera na savana natural do Burkina Faso, África Ocidental. Física e Química da Terra, 34, 251-260

Guswa, A.J., Celia, M. A. e Rodriguez-Iturbe, I. (2002). Modelos de dinâmica da humidade do solo em eco-hidrologia: Um estudo comparativo, Water Resources Research, VOL. 38, NO. 9, 1166, doi:10.1029/2001WR000826, 2002

Hardiman, B. S., Gough, C. M., Butnor, J. R., Bohrer, G., Detto, M., Curtis, P. S. (2016). Acoplamento de raiz em escala fina e estrutura de copa usando sensoriamento remoto baseado em solo, *Preprints* (www.preprints.org), doi: 10.20944 / preprints201610.0088.v1

Hartig, F., Dyke, J., Hickler, T., Higgins, S.I., O'Hara, R.B., Scheiter, S. e Huth, A. (2012). Conectando modelos dinâmicos de vegetação aos dados - uma perspetiva inversa, Journal of Biogeography. Doi: 10.1111/j.1365-2699.2012.02745.x

Holdo, R. M. e Mack, M. C. (2014). Atributos funcionais de solos de savana: efeitos contrastantes de copas de árvores e herbívoros na densidade aparente, nutrientes e dinâmica de umidade, Journal of Ecology, 102: 1171-1182

Hruska, J., Cermak, J. e Sustek, S. (1999). Mapping tree root systems with ground-penetrating radar, Tree Physiology 19: 125-1302

Jaetzold R. e Schmidt H. (1983). Farm Management Handbook of Kenya (Vol. II). Ministério da Agricultura, Quénia e Equipa Agrícola Alemã (GAT) da Agência Alemã de Cooperação Técnica (GTZ), Nairobi, Quénia

James, P. M. A., Fleming, R. A. e Fortin, M.-J. (2010). Identificação de limites espaciais significativos específicos da escala usando wavelets e modelos nulos: desfoliação do verme do abeto em Ontário, Canadá, como um estudo de caso, Landscape Ecology 25:873-887

Jenerette, G.D., Barron-Gafford, G.A., Guswa, A.J., McDonnell, J.J. e Villegas, J.C. (2012). Organização da complexidade na ecohidrologia limitada pela água. ECOHYDROLOGY, Publicado online na Wiley Online Library (wileyonlinelibrary.com) DOI: 10.1002/eco.217 25 de março de 2011 5, 184-199 (2012)

Lanni, C., McDonnell, J. J. e Rigon, R. (2011). On the relative role of upslope and downslope topography for describing water flow path and storage dynamics: a theoretical analysis, Hydrological Processes. 25: 3909-3923

Ludwig, F., de Kroon, H., Berendse, F. e Prins, H. H.T. (2004). The influence of savanna trees on nutrient, water and light availability and the understorey vegetation. Ecologia Vegetal, 170: 93-105

Manoli, G., Bonetti, S., Domec, J. C., Putti, M., Katul, G., Marani, M. (2014). Sistemas de raízes de árvores competindo pela umidade do solo em um modelo 3D de planta-solo, Avanços em Recursos Hídricos, 66 (2014) 32-42

Mao, Z., Saint-Andr'e, L., Bourrier, F., Stokes, A. e Cordonnier, T. (2015). Modelar e prever a distribuição espacial da densidade das raízes das árvores em ecossistemas florestais heterogéneos, Annals of Botany 0: 1-18, 2015

Matheny, A.M., Bohrer, G., Vogel, C.S., Morin, T.H., He, L., Frasson, R.P.M., Mirfenderesgi, G., Schafer, K.V.R., Gough, C.M., Ivanov, V.Y., e Curtis, P.S. (2014). Respostas de transpiração específicas de espécies a distúrbios intermediários em uma floresta de madeira de lei do norte, J. Geophys. Res. Biogeosci., 119, 2292-2311, doi:10.1002/2014JG002804

McMillan, H. K. e Srinivasan, M. S. (2015). Características e controles da variabilidade da umidade do solo e das águas subterrâneas em uma bacia hidrográfica, Hydrol. Earth Syst. Sci., 19, 1767-1786, 2015, www.hydrol- earth-syst-sci.net/19/1767/2015/ doi:10.5194/hess-19-1767-2015

Mihailovic, D. T., Lalic, B., Lesny, J. e Jolejnik, J. (2012). Modelagem de fluxos de superfície sobre uma vegetação esparsa, *Arch. Biol. Sci.*, Belgrado, 64 (4), 1533-1542, 2012, DOI:10.2298/ABS1204533M

Moorcroft, P.R., Hurtt, G.C. e Pacala, S.W. (2001). Um método para dimensionar a dinâmica da vegetação: The Ecosystem Demography Model (ED), Ecological Monographs, 71 (4), pp 557-586

Mungai, D.N., Ong, C.K., Kiteme, B., Elkaduwa, W., e Sakthivadivel, R. (2001). Lessons from two longterm hydrological studies in Kenya and Sri Lanka, Agriculture, Ecosystems and Environment 104 (2004) 135-143

Newman, B. D., Wilcox, B. P., Archer, S. R., Breshears, D. D., Dahm, C. N., Duffy, C. J., McDowell, N. G., Phillips, F. M., Scanlon, B. R., e Vivoni, E. R. (2006). Ecohydrology of water-limited environments: Uma visão científica, Water Resources Research, Vol. 42

Olsthoorn, A. F. M., Klap, J.M. e Voshaar, J.H. Oude (1999). The relation between fine root density and proximity of stems in closed Douglas-fir plantations on homogenous sandy soils: implications for sampling design, *Plant and Soil* 211: 215-221

Pausas, J.G. (1999). Mediterranean vegetation dynamics: modelling problems and functional Types, *PlantEcology* 140: 27-39, 1999

Peters, D.P.C., Bestelmeyer, B.T. e Turner, M.G. (2007). Interacções entre Escalas e Mudanças nas Relações Padrão-Processo: Consequências para a dinâmica do sistema, Ecossistemas (2007) 10: 790-796, DOI: 10.1007/s10021-007-9055-6

Pitman, J. (2003). A evolução e a revolução nos esquemas de superfície terrestre projetados para modelos climáticos, International Journal of Climatology, **23**: 479-510 (2003, DOI: 10.1002/joc.893

Pringle, R. M., Palmer, T.M., Goheen, J.R., McCauley, D. J., e Keesing, F. Ecological Importance of Large Herbivores in the Ewaso Ecosystem, Smithsonian Contributions to Zoology, Número 632

Privette, J. L., Tian, Y., Robert S. G., Scholes, R. J., Wang, Y., Caylor, K. K., Frost, P. e Mukelabai, M. (2004). Características da estrutura da vegetação e relações das florestas e savanas do Kalahari, Global Change Biology (2004) 10, 281-291, doi: 10.1111/j.1529-8817.2003.00740.x

Puigdefabregas, J., Sole, A., Gutierrez, L., del Barrio, G., e Boer, M. (1999). Scales and processes of water and sediment redistribution in drylands: results from the Rambla Honda field site in Southeast Spain, Earth-Science Reviews 48: 39-70

Puma, M. J., Celia, M. A., Rodriguez-Iturbe, I. (2008). Efeitos da heterogeneidade espacial da precipitação e do tipo de vegetação na humidade do solo e na evapotranspiração, http://www.columbia.edu/~mjp38

Raz-Yaseef, N., Koteen, L. E. e Baldocchi, D. D. (2013). Distribuição de raízes grossas de uma savana de carvalho semi-árida estimada com radar de penetração no solo, Journal of Geophysical Research: Biogeosciences, Vol. 118: 135-147, doi:10.1029/2012JG002160

Ryan, C. M., Hill, T., Woollen, E., Ghee, C., Mitchard, E., Cassells, G., Grace, J., Woodhouse, I. H. e Williams, M. (2011). Quantificação da desflorestação em pequena escala e da degradação florestal nas florestas africanas utilizando imagens de radar, Global Change Biology, doi: 10.1111/j.1365-2486.2011.02551.x

Reis, S., Seto, E., Northcross, A., Quinn, N.W.T., Convertino, M., Jones, R.L., Maier, H.R., Schlink, U., Steinle, S, Vieno, M. e Wimberly, M.C. (2015). Integração de modelação e sensores inteligentes para a saúde ambiental e humana,

Environmental Modelling & Software, Volume 74, dezembro de 2015, Páginas 238-246

Riginos, C. (2009). A competição de gramíneas suprime o crescimento das árvores da savana em múltiplos estágios demográficos, Ecology, 90(2), pp. 335-340

Rings, J., Kamai, T., Kandelous, M., Hartsough, P., Simunek, J., Vrugt, J.A., e Hopmans, J.W. (2013). Inferência bayesiana das relações hídricas das árvores usando um modelo Soil-Tree-Atmosphere Continuum, Procedia Environmental Sciences 19, pp. 26-36

Rodriguez-lturbe, I., D'Odorico, P., Porporato, A., Ridolfi, L., (1999b). On the spatial and temporal links between vegetation, climate, and soil moisture, Water Resources Research, VOL. 35, NO. 12, PAGES 3709-3722, DECEMBER 1999

Rodriguez-lturbe, I., Porporato, A., Ridolfi, L., Isham, V. e Cox, D. R. (1999). Modelação probabilística do balanço hídrico num ponto: o papel do clima, do solo e da vegetação, *Proc. R. Soc. Land.* A (1999) 455, 37893805

Sano, E. E., Huete, A. R., & Moran, M. S. (1999). Estimativa da rugosidade superficial em uma região semiárida a partir de dados de radar de abertura sintética ERS-1 banda C (1), R. Bras. Ci. Solo, 23:903-908

5. Schnabel, S. e Gomez-Gutierrez, A. (2013). O papel da variabilidade interanual da precipitação na geração de escoamento superficial em uma pequena bacia hidrográfica subúmida seca com cobertura arbórea dispersa, Cuadernos de Investigacion Geografica (2013), No. 39 (2), pp. 259-285, ISSN 0211-6820

Scheiter, S., Langan, L. e Higgins, S.I. (2013). Modelos dinâmicos de vegetação global de próxima geração: aprendendo com a ecologia da comunidade. New Phytologist, doi:10.1111/nph.1210

Scholes, B., Palm, C., e Andelman, S. (2013). Quadro de amostragem para o sistema de monitorização global de sinais vitais

Shachak, M. e Pickett, S..T.A. (1997). Ligando a Compreensão Ecológica e a Aplicação: Patchiness in a Dryland System, em Pickett, Steward T.A., Ostfeld, Richard S. e Shachak, Moshe (edts). The Ecological Basis of Conservation-Heterogeneity, Ecosystems, and Biodiversity, Nova Iorque, Chapman and Hall.

Tague, C. (2005). Heterogeneidade nos Processos Hidrológicos: A Terrestrial Hydrologic Modeling Perspective, em Garry M. Lovell, Clive Jones, Monica G. Turner e Kathleen C. Clima (Eds.). Ecosystem Function in Heterogeneous Landscapes, Springer, NewYork.

Teuling, A. J. e Troch, P.A. (2005). Melhoria da compreensão da dinâmica da variabilidade da humidade do solo, Geophysical Research Letters, VOL. 32, L05404, doi:10.1029/2004GL021935, 2005

Thompson, S.E., Harman, C.J., Troch, P.A., Brooks, P.D., e Sivapalan, M., (2011). Dependência da escala espacial da partição do balanço hídrico mediada pela eco-hidrologia: A synthesis framework for catchment Ecohydrology, Water Resources Research, Vol. 47, W00J03, doi:10.1029/2010WR009998, 2011

Urgeghe, Anna M., Breshears, David D., Martens, Scott N. e Peter C. Beeson (2010). Redistribuição do escoamento superficial entre tipos de manchas de vegetação: On ecohydrological Optimality of Herbaceous Capture of Run- On, Rangeland Ecology & Management, 63(5):497-504

Valladares, F. e GuzmOn, B. (2006). Estrutura da copa e heterogeneidade espacial da luz do sub-bosque num bosque de azinheiras abandonado, Ann. For. Sci. 63 (2006) 749-761, DOI: 10.1051/forest:2006056

van Wijk, M. T. e Bouten, W. (2002). Simulando Fluxos Diários e de Meia Hora de Dióxido de Carbono Florestal e Troca de Vapor de Água com um Modelo Simples de Uso de Luz e Água, Ecossistemas (2002) 5: 597-610 DOI: 10.1007/s10021-002-0155-z

van Wijk, M. T. e Rodriguez-Iturbe, I. (2002). Competição entre gramíneas e árvores no espaço e no tempo: Insights from a simple cellular automata model based on ecohydrological dynamics, WATER RESOURCES RESEARCH, VOL. 38, NO. 9, 1179, doi:10.1029/2001WR000768, 2002

Vertovec, M., Sakcali, S., Ozturk, M., Salleo, S., Giacomich, P., Feoli, E. e Nardiniet, A. (2001). Diagnosticar o estado hídrico das plantas como uma ferramenta para quantificar o stress hídrico numa base regional nas terras secas do Mediterrâneo. Annals of Forest Science, Springer Verlag, 2001, 58 (2), pp.113-125. <10.1051/forest:2001111>. <hal-00884199>

Wang, L., D'Odorico, P., Manzoni, S., Pororato, A. e Macko, S. (2009). Soil carbon and nitrogen dynamics in southern African savanna: the effect of vegetation-induced patch-scale heterogeneities and large-scale rainfall gradients. Alterações Climáticas 94: 63-76

Weaver, W.W., Gerstein, J.M. e Harris, R.R. (2005). *Monitoring the Effectiveness of Upland Restoration (Monitorização da eficácia da recuperação de terras altas)*. Universidade da Califórnia, Centro de Silvicultura, Berkeley, CA. 100 pp.

Wiens, J.A. (1989). Spatial Scaling in Ecology, Functional Ecology 3: 385-397

Williams, C. A. & Albertson, J. D. (2004). Controlos da humidade do solo nos fluxos de água e carbono à escala da copa numa savana africana. Investigação sobre Recursos Hídricos, Vol. 40: W09302, doi:10.1029/2004WR003208, 2004

Williams, M., Law, B.E., Anthoni, P.M. e Unsworth, M. H. (2001). Utilização de um modelo de simulação e de dados de fluxos do ecossistema para examinar as interacções entre o carbono e a água no pinheiro ponderosa, Tree Physiology 21, 287298

Williams, M., Rastetter, E.B., Fernandes, D.N., Goulden, M.L., Wofsy, S.C., Shaver, G.R., Melillo, J.M., Munger, J.W., Fan, S.M., Nadelhoffer, K.J. (1996). Modelação do continuum solo-planta-atmosfera num povoamento de Quercus-acer na floresta de Harvard: The regulation of stomatal conductance by light, nitrogen and soil/plant hydraulic properties, Plant, Cell and Environment, 19(8)

Wiser, G., Peters, J., Luis, V.C., Morales, D. & Jimenez, M.S. (2002). Estudos ecofisiológicos sobre as relações hídricas num povoamento de *Pinus canariensis*, Tenerife, Ilhas Canárias, Phyton (Horn, Áustria), Vol. 42 (2): 291301

Yu, B., Rose, C.W., Coughlan, K.J., Fentie, B. (1997). Plot-Scale Rainfall-Runoff Characteristics and Modeling at Six Sites in Australia and South-East Asia, Transaction of the ASAE, Vol. 40 (5): 1295-1303

Zhang, Y., Wei, H., e Nearing, M. A. (2011). Efeitos da humidade antecedente do solo na modelação do escoamento superficial em pequenas bacias hidrográficas semiáridas do sudeste do Arizona, Hydrol. Earth Syst. Sci., 15, 3171-3179, 2011

MIX
Papier aus verantwortungsvollen Quellen
Paper from responsible sources
FSC® C105338

Printed by Books on Demand GmbH, Norderstedt / Germany